JN246307

元自衛隊員のおじいちゃんによる

孫たちへの贈り物

まえがき

集団的自衛権を認める安全保障法が我が国にとって良いか悪いかという評価は、国民を挙げて大いに議論しなければならないとても大切な問題だと考えるのですが、この法案の成立過程を振り返ると、政治家による議論はなされたものの国民的な議論はなされず法案審議に民意が反映されることはなかったと考えています。

私は、このように、国家にとって最も重要な安全保障の問題が国民の意思が反映されないまま国家の意思として決まっていくことに大きな問題意識を持っており、我が国の戦後の安全保障政策の変化はこのようなことを繰り返し現在に至っていると認識しています。

また、過去の安全保障政策の変更に係る議論は、憲法第９条の縛りの下で、その都度、解釈の変更を頼りに政策に正当性を与えて変更してきたと言え、憲法第９条の縛りを離れて、我が国にとって本当に必要な安全保障政策は如何にあるべきかを問う議論の経験はありませんでした。このように、解釈に根拠を求める防衛政策決定の方法は、安全保障の本質を解りづらくするばかりでなく、解釈で簡単に政策変更が可能になるとともに、恣意的な変更が可能になる恐れがあり、非常に問題であると言わざるを得ません。

本書では、国民的な議論を経ずに決定されてきたと考えられる代表的な事例を紹介することで民意の不在にかかる問題意識を共有していただくとともに、憲法第９条の縛りや解釈に頼る防衛議論を離れ、我が国の安全保障政策は如何にあるべきかという視点から真剣な議論をしていただきたいという願いから、自分なりの防衛論を持つためのアプローチの一例を提示しました。

私の問題意識が少しでも多くの方々の目に留まり、防衛のあり方について考え、議論していただき、議論の輪が広がって政策に国民の意思が反映されるような体制になることを切に期待し願うものであります。

目　次

第１章
　将来に渡ってシビリアンコントロールは正常に機能するか
　(防衛政策にかかる国民不在の歴史）……………………………5

第２章
　防衛政策等の変遷過程
　１　ミグ２５事件と有事法制の研究開始等　……………………16
　２　湾岸戦争と自衛隊の海外派遣の容認　………………………33
　３　北朝鮮のテポドン発射実験と新装備導入要領の変化………40
　４　冷戦終結に伴う安全保障環境の変化と自衛隊の
　　　我が国領域外での軍事活動を伴う行動の容認………………44
　５　有事法制基本法の成立 ……………………………………………64

第３章
　自分なりの防衛に関する考え方の持ち方
　１　自分なりの考え方を整理するアプローチの一例……………88
　２　何を（防衛の対象）…………………………………………………91
　３　何から（脅威）………………………………………………………97
　４　どのように守る（防衛政策）……………………………………120

第４章

　終わりに………………………………………………………………………140

第1章
将来に渡ってシビリアンコントロールは正常に機能するか（防衛政策にかかる国民不在の歴史）

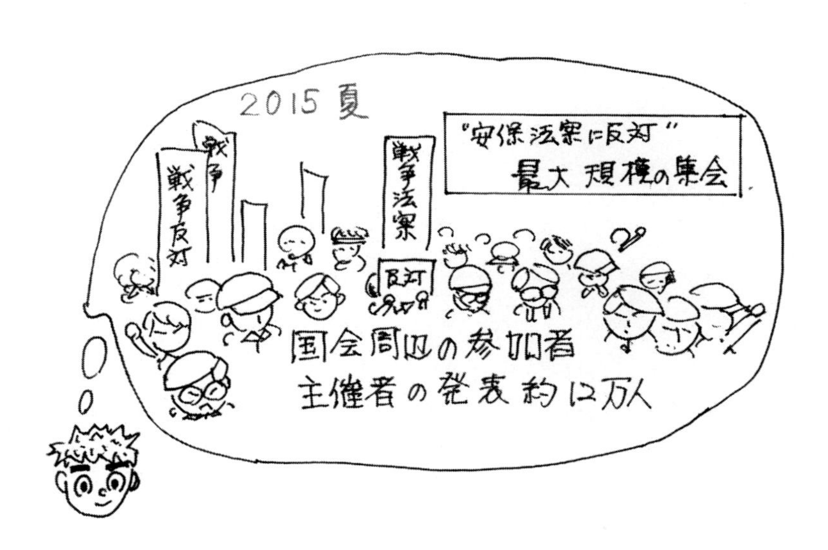

航　ねえ、おじいちゃん！　集団的自衛権が使えるようになる安全保障法案は悪い法律なんでしょ？

爺　え!?　どうして？

航　だって、沢山の人が戦争になっちゃう悪い法律だって言ってるよ。

爺　航ちゃんはどう思うの？

航　集団的自衛権がよくわからないけど、あんなに沢山の人が戦争になっちゃう悪い法律だと言ってるから…。やっぱり悪いのかなあ。

爺　おじいちゃんはね、航ちゃん自身がよく考えて、また多くの人と意見を交換して、自分の考え方を持ってもらいたいな。

航ちゃんが言うように、今度の安全保障法案は、戦争になってしまう悪い法律だと言って反対している人は確かにいるよね。

だけど、法案に賛成している人もいて、法案に賛成している人は、戦争を起こそうと考えているわけではなくて、国を守るためには必要な法律だと考えていると思うよ。

国を守るということについては、いろいろな考え方があると思うんだよ。戦ってでも国を守らなければならないと考える人から、どこかの国が侵略してきたとしても降伏すれば戦いは起こらないので領土や国民を傷つけずに済むから結果として守れると考える人、あるいは戦争になるくらいなら国を守らなくてもいいと考える人までいるんじゃないかな。

また、戦ってでも国を守らなければならないと考える人にも、守る対象や守り方等々に様々な考え方の違いがあると思うよ。

航　ふうーん。おじいちゃんは？

爺　おじいちゃんは、自分の国は自分で守らなければいけないと考えているし、そのためには自衛隊がなくてはならないと考えているよ。

また、自衛隊（軍隊）は、シビリアンコントロールが確実に機能していなければならないとも考えているよ。

そして、シビリアンコントロールのシビルは、自衛官（軍人）ではなく選挙で国民に選ばれた文民でなければならいと考えているよ。ただし、自衛官であっても、キチンと退職して一般の国民として選挙に立候補して国民に選ばれた場合は反対しないよ。

航　え!?　何？　シビリアンコントロール？　シビリアンコントロールが機能していないとダメ？　シビリアンコントロールのシビルは、自衛官（軍人）じゃダメ？　一度に沢山言わないでよ。何がなんだかわからなくなっちゃうよ。シビリアンコントロールって何？

爺　シビリアンコントロールというのは、“自衛官（軍人）ではない国の主権者である国民の代表が軍隊を統制・管理する”ということだよ。

別の言い方をすれば、国民の代表である総理大臣が、軍隊を統制するということで、具体的には、自衛隊に出動を命令して行動させたり、その行動を停止させたりすることなんだけど、わかる？

尊　ちょっと待って。自衛隊（軍隊）を動かすのは、自衛官（軍人）でしょ？　総理大臣なの？

爺　総理大臣が軍隊を動かすという意味は、例えば、イラクで平和維持活動をさせるために自衛隊に派遣を命令したり、派遣活動を終了して撤収、帰国を命令したりする場合や、外国の軍隊が日本に攻めてきた時に、侵略されないように防衛出動しなさいと命令したり、防衛出動している自衛隊にもう止めなさいと命令することなんだよ。

もっと言えば、国を守るために自衛隊を動かして戦争を始めたり、止めたりすることを意味しているんだよ。

そして、自衛官（軍人）が自衛隊（軍隊）の部隊を動かすという意味は、侵略しようと攻めてくる敵から領土や国民を守るために陣地を占領して戦ったり、侵略してきた敵を攻撃して追っ払ったりするために自衛隊の部隊を動かすことをいうんだよ。

この違いわかったかい？

尊　うん。だけど、なんで自衛隊（軍隊）をコントロールするのが自衛官（軍人）じゃいけないの？　なんでシビリアンコントロールが機能していないとダメなの？

爺　当たり前のことだけど、民主主義の国では、国の進むべき方向を決めるのは、国の主権者である国民だよね。

また、軍隊の本質は武力集団でね、その力はとてつもなく大きいから、もしも軍隊が軍も政治も何もかも思いのままに動かすようになったら、一般の国民には制御できなくなって、国の進むべき方向が国民の意思に反してしまっても誰も止められなくなってしまう恐れがあるんだよ。

だから、軍が政治を支配することがないように、政治の下で軍をしっかり統制支配しなければならないんだよ。解るかい？

シビリアンコントロールを確かに機能させるためには、コントロールする者が自衛隊（軍隊）の組織を構成している自衛官（軍人）より、その組織に利害等の関係のない文民の方が、より確実かつ適切に自衛隊（軍隊）を統制できるとは思わないかい。

そして、シビリアンコントロールを確かに機能させるために最も大切なことは、平和な時から、政治（国民）がキチンと軍を統制する仕組みを制度として機能させて、例え、有事になっても、その制度が崩れることがないようなシッカリとしたものにしておくことなんだよ。これがシッカリできていないと、非常事態になった時、戦前に経験したような軍人が内閣総理大臣になって、政治も軍事も統制するような環境を生み出すことになってしまうんだ。同じ過ちを繰り返えさないために、 シビリアンコントロールは、確実に機能し、将来に渡って維持されなければならいんだよ。

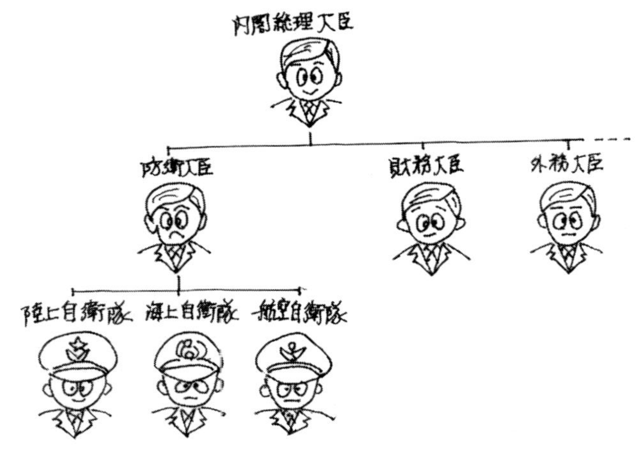

航　そうか。少し解ってきた。

整理すると、戦争はみんな嫌いだけど、国を守るためには戦争してでも守るという人や、戦争は絶対嫌だから国を守らなくていいという人までいろいろな考え方の人がいるんだよね。

そして、国を守るために国家として自衛隊（軍隊）を持つならシビリアンコントロールをキチンと機能させないとダメなんだね。

爺　そうだよ。

尊　おじいちゃん！　今、日本では、シビリアンコントロールは機能していないの？

爺　機能しているよ。
今は、国民の代表の内閣総理大臣が自衛隊の最高指揮官になっているし、法律や国会の承認の下に自衛隊は行動しているよ。
しているけど、将来に渡って、例え有事になっても機能し続けるようなシッカリした状態かどうかは少し疑問だけどね。

尊　どうして？

爺　それはね、おじいちゃんが自衛隊に入隊してから定年退職するまでの間に、防衛に関する世論を始め、防衛政策、自衛隊の編成・装備等が大きく変わってきたんだけど、その変わり方に問題があるような気がしてね。

尊　何が問題だと思ったの？

爺　それはね。まず１つ目は、国際情勢等の変化に応じて、その都度、防衛のあるべき姿について国民的な議論がなされ、国民の意志が防衛政策等に反映されて変化してきたのであれば全く問題ないと思うんだけど、実際は違うんだ。

おじいちゃんが自衛隊に入隊してから定年退職するまでの間に、国民的な合意形成に至るような国を挙げての議論は１回もなかったと思うよ。これが１つ目の問題だよ。

これまでに行われた防衛に関する議論の形態といえば、国会の場で、与野党の議員が議論し、それをマスコミが取り上げて、評論家が説明や自説を披露し、一般の国民はただそれを傍観するか、たまにテレビの街頭インタビューに答える場面が報道されるようなもので、一般の国民が議論に参加してきたとは到底言えるものではなかったと思っているよ。

今回の安全保障法案に関しても全く同じだったよ。

ただ、最近では珍しくデモや集会が行われて、その規模も大きく、国民全般の関心の高さはいつもと違っていたように感じたけど、残念ながら国民的な議論への発展はなかったと思うな。

その好例が、集会やデモに参加者している人達の街頭インタビューへの回答を聞いていると、「良くわからないけどみんなが反対しているから反対」とか、「集団的自衛権の行使が可能になればアメリカの戦争に巻き込まれるから反対」とか等で、反対している内容が戦争なのか、今回の法案なのか、あるいは集団的自衛権なのか、外国と軍事同盟を結ぶことなのか、それぞれ異なっていて、それぞれの人が勝手に自分の主張をしているだけで、しかも、自分の考えをシッカリ持っている人から、他人の考えに影響されて反対しているような人まで様々で、国民として真に何に反対していたのかが不明確だったんだよ。

もし、防衛、あるいは集団的自衛権に関して国民的な議論がなされ、論点が整理・集約されて明確になっていれば、反対の主張も国民の意思として重みを持ったんじゃないかと思うし、国会の審議にも影響を与えることができたんじゃないかとも思うよ。

これは、賛成意見の人達にも同じことが言えるけどね。

尊　そうか。みんなが自分の主張だけしてたんじゃ、国民の総意として訴えることはできないよね。

そして、もし、全国民が活発に議論して国民の意思として集約された意見を示すことができれば、きっと与野党を問わず政治家は無視できなかったよね。

爺　そうなんだよ。

そうなれば、政治家は民意を防衛政策に反映するようになるだろうし、その政策は国民の支持を得たものになるんだよ。

国民が真剣に防衛を考え、政治家は民意を重んじて政策を遂行するという関係は、とても重要で、この関係が保たれていれば、有事においてもシビリアンコントロールは正常に機能させることができるし、国家は国民の協力を得て防衛行動を遂行できるようになるんだよ。このように、国家が国民と一体となって行う防衛行動は、とても強力で非常に強い抑止力にもなるんだよ。だから、そのためにも、防衛に関する国民的な議論が大切なんだよ。

尊　そうか、防衛についての議論の大切さが少し解ったよ。

爺　問題の２つ目は、１つ目の問題とも直接関係しているんだけど、防衛政策に対する国民全般の向き合い方なんだよ。

誰でも戦争は嫌だし、できることなら戦争が起きることを想定した防衛論議なんかしたくないという心情はよく理解できるけど、そういうことを乗り越えて、自分自身の問題として考え、向き合わなければならないんだけど、戦後、ずっとこれを避けてきたように思うんだ。

その結果、防衛政策上の敷居、あるいは歯止めになっていたものが、国民的な議論を踏まえた国民の合意形成なしに、徐々に低くなってきているんだよ。

後で詳しく説明するけど、過去に、我が国の防衛に重大な影響を与えるような事件が何回か起きた時、防衛の在り方に関する国民的な議論がなされないまま、それまで防衛政策上、認められなかったことがその事件等を契機に認められるようになるということが繰り返されてきたんだよ。

このように、国民の合意を得ずに、防衛政策上の敷居が徐々に低くなっていく状態を放置しておくと、将来、政権担当者、または政権担当政党が何でもできるようになってしまうような不適切なシビリアンコントロールになってしまう危険性があると思うんだよ。

だから、そうならないように、国民一人ひとりが防衛問題にシッカリ向き合って、議論して、国民的な合意形成のとれた政策とし、政策の変更に当たっては、選挙等国民の承認を必要とする法的制度を整える必要があるんだよ。

爽　防衛政策上の敷居が徐々に低くなってきたって、どういうこと？

爺　そうだね。話が少し抽象的になっちゃったんで、防衛政策上の敷居、あるいは歯止めになっていたものが、国民的な議論を踏まえた合意形成を得ることなく、徐々に低くなってきた様子を次章で具体的に説明することにするね。

第２章　防衛政策等の変遷過程

１　ミグ２５事件と有事法制の研究開始等

爺　これから、おじいちゃんが自衛隊に入った頃から定年退職するまでに、防衛政策上の敷居、あるいは歯止めになっていたものが、徐々に低くなっていくと感じた様子について具体的に説明するね。

説明にあたっては、防衛政策上の敷居あるいは歯止めが低くなっていく様子が、より実感として理解できるように、その時々の防衛政策の背景となっている安全保障環境と防衛政策上の敷居に大きな影響を与えていたと考えられる自衛隊に対する国民感情についても併せて説明していくね。

尊　うん。

爺　おじいちゃんが書いた表を見てごらん。この表は、防衛政策が変わっていく様子、特に、その変わり方を把握し易いようにまとめてみたものだよ。

表の右側には、特に、おじいちゃんの記憶に残っている印象的な防衛政策の変化をとりあげて、その左には、それぞれの変化のキッカケや原因になったと考えられる出来事を並べてみたんだ。

尊　ふーん。

表

自衛隊（防衛政策）の変化

時期	自衛隊（防衛政策）に影響を与えた出来事	自衛隊（防衛政策）の変化
1976. 9（昭和51）	ソ連のMIG25戦闘機が函館空港に強行着陸	
1977. 8（昭和52）		有事法制研究開始（三原防衛庁長官指示）
.12		米製F15戦闘機の空自への導入を閣議了解
1979. 1（昭和54）		早期警戒機E-2C導入を閣議決定
1989.12（平成 1）	マルタにおいて米ソ首脳会談（東西冷戦終結）	
1990. 8（平成 2）	イラク軍クェートに侵攻	
1991. 1（平成 3）	湾岸戦争開始（多国籍軍とイラクの戦争）	
1991. 4		海上自衛隊ペルシャ湾派遣
1992. 8（平成 4）		国際平和協力法施行（陸上自衛隊カンボジア派遣）
1993. 3（平成 5）	北朝鮮核拡散防止条約脱退宣言	
1995. 1（平成 7）	阪神淡路大震災	
. 3	地下鉄サリン事件	
1996. 3（平成 8）	台湾海峡危機（李登輝総統再選）	
1997. 9（平成 9）		新日米防衛協力のガイドライン（日米安保協議委員会了承）
1998. 8（平成10）	北朝鮮テポドン１号を発射（東北地方上空を通過）	
.12		情報収集衛星の導入を閣議決定
1999. 5（平成11）		周辺事態安全確保法公布
2001. 9（平成13）	米同時多発テロ発生	
.12	不審船事案（九州南西海域工作船事件）	
2003. 6（平成15）		武力攻撃事態対処関連３法案成立（有事法制の基本法）
2004. 6（平成16）		国民保護法等成立（有事関連７法案）

爺　それじゃ、ミグ２５事件から説明することにするね。

琉　うん。

爺　１９７６年（昭和５１年）９月に、ソ連の最新鋭ジェット戦闘機ミグ２５が、日本の領空を侵犯して函館空港に強行着陸するというとんでもない事件が起きたんだよ。

おじいちゃんは、その翌年の９月にその事件の起きた函館空港のすぐ近くにある函館駐屯地に赴任したんだけど、隊員達の興奮は、今だ冷めやらずといった感じで、事ある毎に、いろいろな体験談を話してくれたんだ。

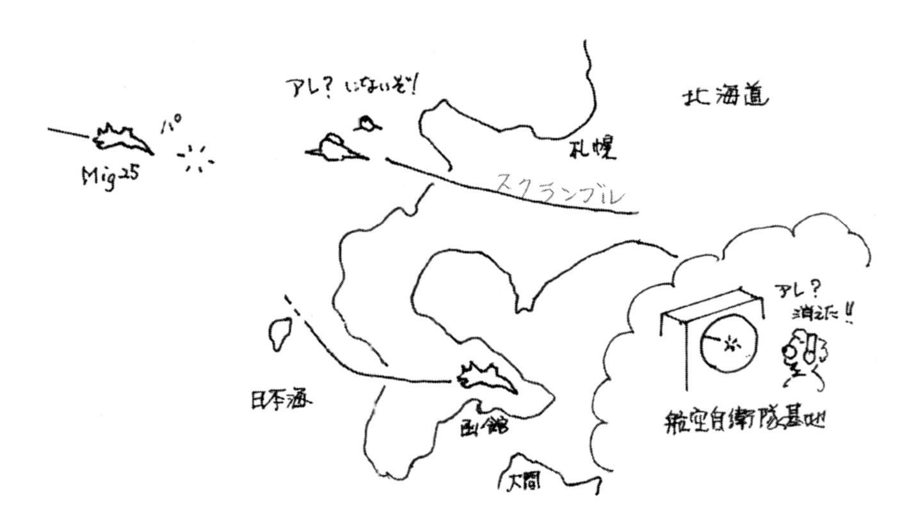

尊　ミグ２５事件て、そんなに大変な事件だったの？

爺　そうだよ。

当時の安全保障環境は、東西冷戦といってね、アメリカを中心とする資本主義のグループが北大西洋条約機構（ＮＡＴＯ）という軍事同盟を結び、ソ連を中心とする社会主義のグループもまたワルシャワ条約機構（ＷＰＯ）という軍事同盟を結んで対立していたんだよ。

航　どんな対立だったの？

爺　東西冷戦についてちょっと説明するね。

第２次世界大戦は、１９４５年（昭和２０年）５月にドイツが、８月に日本がそれぞれ降伏して終戦を迎えるんだけど、ドイツや日本の敗戦が色濃くなってきた１９４５年２月に、戦後の体制を取り決めるために、連合国であるアメリカ、イギリス、フランス、ソ連の４か国が、ヤルタ会談を開いたんだ。

この会談は、大戦後の資本主義陣営対社会主義陣営の対立の基礎を形づくるもので、東西冷戦はこの段階から始まっていたとも言われているんだよ。

終戦後、対立が徐々にハッキリしていくと、特に、ソ連の支援を受けて社会主義国化する国が増え始めて、対立は一層激しくなっていったんだ。

例えば、１９５０年（昭和２５年）にソ連の支援を受けた北朝鮮が朝鮮半島を統一するために韓国に侵攻して起きた朝鮮戦争や、１９６５年（昭和４０年）にソ連の支援を受けた北ベトナムとアメリカの支援を受けた南ベトナムの間に起きたベトナム戦争は、その対立がもたらした代表的な戦争だよ。

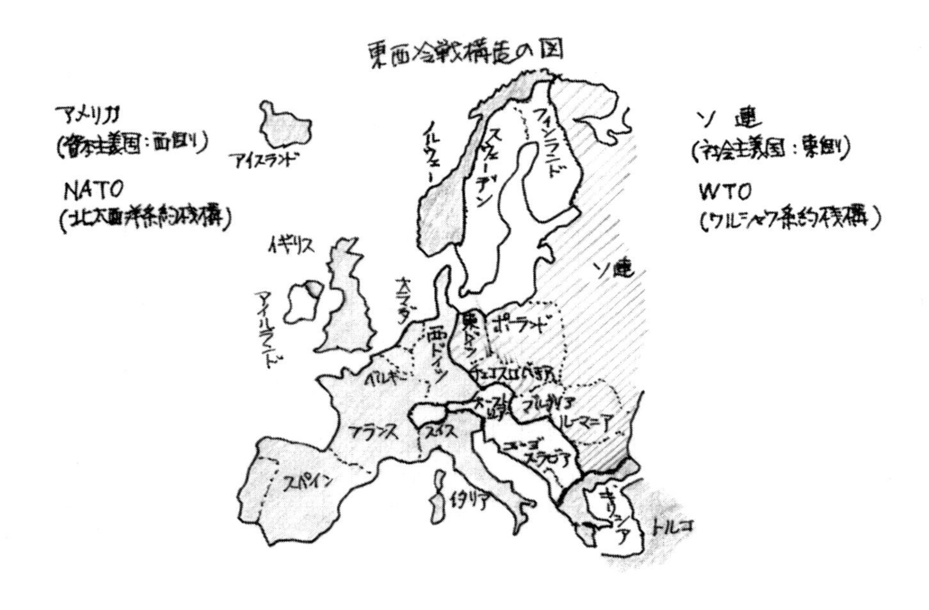

尊　アメリカとソ連は戦争しなかったんだよね？

爺　直接戦争することはなかったけど、１９６２年（昭和３７年）にキューバ危機という事態が起きてね、一歩間違えればアメリカとソ連の全面核戦争になるところだったんだよ。

航　ほんと？　キューバ危機って？

爺　北アメリカの地図を見てごらん。

世界中で社会主義国化する国が増えていく中、１９５９年（昭和３４年）に、アメリカのすぐ近くのキューバという国で革命が起きて親米政権が倒されてしまったんだ。

以来、アメリカとキューバの対立は激しくなって、キューバはアメリカと対立状態にあるソ連に接近していって、１９６２年（昭和３７年）にソ連製の中距離弾道ミサイルの配備を始めたんだよ。

それに気が付いたアメリカは、キューバ周辺の公海の海上封鎖やソ連貨物船への臨検を行って、ソ連船のミサイル関連物資のキューバへの輸送を阻止して、ソ連指導部に対してはミサイル撤去を求め、国内では戦争準備を整えてソ連との全面核戦争に備えたんだよ。

航　全面核戦争に備えたってどういうこと？

爺　具体的には、核弾頭搭載の弾道ミサイルを発射準備態勢にして、更に、核爆弾を搭載したＢ－５２戦略爆撃機や戦略ミサイル原子力潜水艦の攻撃準備を整え、日本やトルコ、イギリス等に駐留する米軍部隊に出動態勢をとらせて、いつ戦争になっても戦える態勢にしたんだよ。

尊　それでどうなったの？

爺　結局、核戦争も辞さないというアメリカの態度にソ連が譲歩してキューバからミサイルは撤去されたんだけど、もし、ソ連が譲歩しなければ第３次世界大戦になっていたかもしれなかったんだよ。

だから、この頃は、特に、アメリカとソ連は戦争に備えて軍事力を強化し合い、軍備拡張競争の真っ最中だったんだ。

尊　軍備拡張競争って？　軍事力を強化するってどういうこと？

爺　そうだね。戦争になっても勝てるように、強力な新兵器を研究開発したり、開発した新兵器を軍隊に装備させて軍隊を強力にすることだよ。

例えば、相手の最新鋭ジェット戦闘機の速度がマッハ２としたら、マッハ３のジェット戦闘機を開発したり、相手の戦車の主砲の射程距離が１５００メートルだったら、２０００メートルから正確に射撃できる主砲を開発したりというようにね。核戦力から通常戦力の全てに渡って相手より有利になるように、研究開発や新兵器の装備化にしのぎを削っていたんだよ。

尊　ふうん。

爺　だから、ミグ２５事件って大変な事件だったんだよ。

ミグ２５は、当時、ソ連の最新鋭ジェット戦闘機で、西側諸国としては喉から手が出るくらい欲しい情報の塊だったからね。

それが日本に着陸したとなれば、西側諸国に調べ尽くされてしまうから、ソ連にとっては致命的な事件だったんだよ。

最新兵器というのは、その国の科学技術の粋を結集して作られたものなので、それを手に入れることで、その国の科学技術の程度を知ることができてしまうんだよ。

航　相手の国の科学技術の程度がわかるってすごいことなの？

爺　すごいことだよ。

考えてごらん。科学技術の程度がわかるということは、ジェット戦闘機のミグ２５の性能が詳しくわかるだけじゃなくて、他の兵器の性能の限界だっておおよそわかるんだよ。

航　そうか。西側諸国にとって、ミグ２５を手に入れるということは、東側諸国の科学技術の程度まで把握できてしまうということなんだね。

爺　そうだよ。そして、自国より進んだ科学技術があれば、それを取り入れることで相手より確実に有利な立場にたてるわけだよ。

だから、当時、ソ連が機体を取り返しに来るかもしれない、あるいは機密保持のために機体を破壊しに来るかもしれないというようなことが考えられたので、函館の部隊の人達は、機体を航空自衛隊百里基地に移送するまでの１８日間、どういう事態が起きてもすぐに対応できるように駐屯地で待機態勢をとったそうなんだ。

航　そうか。ミグ２５の事件って、大変なことだったんだね。

日本は、アメリカと日米安保条約を結んでいるからミグ２５がアメリカに引き渡されたら、ミグ２５の弱点や性能が全てわかっちゃうだけじゃなくて、ソ連を始めとする東側諸国が不利な立場になっちゃうんだね。

爺　ミグ２５事件の意味がわかってきたね。

このミグ２５事件の直後、従来の防衛政策上の敷居が下がるというか、一瞬なくなったかとおもわれる現象が起こるんだけど、その話をする前に、防衛政策上の敷居を構成する重要な要素と考えられる当時の「戦争や自衛隊に対する国民感情」についても話しておくね。

爽　うん。

爺　今振り返っても、この当時、自衛隊は、多くの国民に存在自体が憲法違反だと思われて、自衛隊の存在そのものが否定されていた感じだったんだよ。

入隊当時は、「国民に愛される自衛隊」というような標語があってね、訓練の合間を縫って地元の行事に協力したりして、存在を認めてもらうための努力をしていたんだよ。

昭和５１年頃に社会を支えていた４０代～５０代の人達は、終戦を迎えた昭和２０年に、小学校高学年から大学生という世代だったこともあって、「戦争はコリゴリ、二度と起こしてはならない。」という思いが共有され、それが社会全体を覆っていたので、自衛隊が敬遠されるのは無理もないことだったと思っていたよ。

今だから、爽ちゃん達に、国の防衛について自分の意見を持って、多くの人と話し合って欲しいって言えるけど、この頃は、とてもそんな雰囲気じゃなくて、「防衛論議」という言葉自体がタブーのような空気だったんだよ。

だから当時は、自衛隊の防衛力整備に対して国民の意識はとても厳しくて、防衛費はＧＮＰの１％未満に抑えるとか、性能の高い兵器は侵略的で専守防衛の国是に反するとして保有しづらい環境だったんだよ。

爽　ふーん。

爺　それじゃ、ミグ２５事件の直後に、従来の防衛政策上の敷居が一瞬なくなったかと思われるような現象について話を進めるね。

その最も衝撃的な現象は、ミグ２５事件の翌年、当時の三原防庁長官の指示で有事法制研究が開始されたことなんだよ。

というのは、１９６３年（昭和３８年）に自衛隊が三矢研究という非常事態に備えた図上演習を実施したことが国会で大問題になったんだけど、この時、特に問題視されたのが、演習の中で、非常事態の立法措置が表現されていた点で、これは政治領域への介入、あるいはシビリアンコントロールの不在ということで厳しく追及されたんだよ。以来、非常事態の立法措置となる有事法制は、議論さえ難しい触れることのできない存在になっていたので、有事法制の研究を開始すると公表された時には、当然、国民を挙げての反対運動が起きると思ったんだけど、不思議なことに、国民から大きな反対が起こらなかったんだよ。

更に、防空能力を強化するために、アメリカ製のＦ１５戦闘機の導入が閣議決定され、続いて１９７９年（昭和５４年）には、それまでなかなか予算が認めれなかった早期警戒管制機のＥ－２Ｃの調達が開始されたんだけど、これらに関してもマスコミや一般国民から大きな反対が起こらなかったんだ。

これまでなら、さっき説明したような当時の「戦争や自衛隊に対する国民感情」を背景に、簡単に有事法制の研究が開始されたり、最新兵器がいっぺんに導入されるようなことはなかったんだよ。

この事例が、おじいちゃんの記憶に残っている印象的な防衛政策（自衛隊）の変化で、防衛政策上の敷居が下がったと感じた最初の出来事なんだよ。

爽　お爺ちゃんが防衛政策上の敷居が下がったって感じたのは、ミグ２５事件をキッカケに、防衛政策の変更に関する国民的な議論がないまま、それまでタブー視していた有事法制の研究を開始したり、専守防衛政策に反するとか、アジア諸国に無用な脅威を与えるという理由で導入しなかった最新鋭の戦闘機や早期警戒管制機を自衛隊に装備化したから？　そして、そういう防衛政策上の変化があったにも関わらずに国民からも大した反対が起こらなかったからなの？

どうしてミグ２５事件がキッカケで防衛政策上の敷居が下がったの？

爺　どうしてなんだろうね。

おじいちゃんはそこが気になるんだよ。ミグ２５事件で、外国の侵略を肌で感じて防衛体制をしっかり整えなければいけないと感じて、有事法制の研究開始や新装備導入に反対が起きなかったんだとしたら、その後、防衛の在り方について熱心な議論があってもよさそうなのに、そういう気配は全くなかったんだよ。防衛政策や自衛隊に対する国民感情はミグ２５事件発生前と変わらないのに、大きな反対が起こらなかったことがとても気になるんだよ。

反対が起きなかった理由が、外国の侵略に対する一時的な不安や恐怖心のような感情からだったとしたら大いに問題だと思うよ。

爽　どうして？

爺　ちゃんとした議論をすることなく、一時的な不安や恐怖心のようなもので、今までダメだとしてきたものを問題がないかのように認めてしまうことはとても大きな問題なんだよ。こういう解決の仕方が今後も続くと、困った時に何とかしてくれそうな強力な指導者（政府）を求めるようになったりして、法律に基づいて冷静・適切に判断するというような理性のある民主的な対応ができなくなって、敷居や歯止めは、なし崩し的になくなってしまうことになりかねないんだよ。

航　ふうん。

コラム① ミグ２５事件

1976 年 9 月 6 日、ソ連防空軍のヴィクトル・ベレンコ中尉が、当時最新鋭のミグ２５迎撃戦闘機で、日本の領空を侵犯し、函館空港に強行着陸した事件。

４つの北部航空警戒管制団のレーダーサイトは、9 月 6 日午後 1 時 11 分、ほぼ同時に識別不明機をとらえた。当別、奥尻島、大湊、加茂の４レーダーであった。その位置は北海道西方約 180 キロで、高度は約 1 万 9000 フィート（約 6300 メートル）、時速約 450 ノット（約 830 キロ）。レーダー探知範囲は沿海州陸地の一部まで達するのであるが、この戦闘機は突然現れた。既に日本の防空識別圏内に入っていたのである。

航空自衛隊がスクランブル発進を命じたのは 1 時 14 分であった。千歳基地のＦ－４ＥＪ戦闘機（ファントム）２機が発進した。離陸したのは 1 時 20 分であった。

1 時 22 分 30 秒、識別不明機は領空を侵犯した。1 時 26 分、この不明機はレーダーのスクリーンから消えた。さらに 1 時 35 分、瞬時、不明機はとらえられたが、すぐに消えた。

一方、スクランブル発進したファントム２機は 1 時 25 分から約 30 秒間、機上レーダーでこの不明機をとらえたが、こちらも 30 秒間で消えてしまった。

函館空港にこの不明機が現れたのは 1 時 38 分頃であった。不明機は２回旋回し、去った。再度現れたのは 1 時 47 分。２回着陸姿勢を示した。そして 3 回目に車輪を出し強行着陸を行った。1時50分であった。

この不明機は9月6日にソ連防空軍所属のミグ２５迎撃戦闘機数機と共に、ソ連沿海地方のウラジオストック北東約300キロの基地から、訓練目的で離陸。うちベレンコ中尉機が演習空域に向かう途中、コースを外れ急激に高度を下げた。そのため、沿海州のソ連軍はこの行方不明機捜索で大騒ぎしていた。

地上のレーダーがミグ２５をとらえられなかったのは、超低空で飛行する機体を捜索できなかったからであり、ファントムの機上レーダーは海の上の低空目標探知能力が低かったためである。

ベレンコ中尉はアメリカに亡命した。冷戦時代であり、最新鋭戦闘機であったため、ソ連が機体を奪還に来るのではと自衛隊は警戒を行った。機体はアメリカに移送されたが、検査の後、11月15日にソ連に返還された。この事件は低空侵入機に対する地上レーダー網の弱点を示したものであるが、このため、上空で侵入機をとらえる早期警戒機（E-2C）の購入となった。

参考図書／原田暻著「ドキュメントミグ２５事件」（航空新聞社）

参考：Ｗｉｋｉｐｅｄｉａ

２　湾岸戦争と自衛隊の海外派遣の容認

爺　おじいちゃんの記憶に残っている印象的な防衛政策（自衛隊）の変化の次の出来事について話を進めるね。
１９８９年（平成元年）、地中海のマルタで米ソ首脳会談が開かれてね、ソ連が敗北する形で東西冷戦は終わったんだよ。そして、その翌年の１９９０年８月に、イラクがクエートを侵略して併合するという事件が起きたんだ。
イラクの侵略行為に対して国際社会は素早く反応して、国際連合安全保障理事会は、イラクに即時撤退を求め、１１月にはイラクに対する武力行使容認決議を可決して、アメリカ、イギリス、フランス、エジプト等から成る多国籍軍を編成し、翌１９９１年１月に、クエートを占領するイラク軍を攻撃してイラクからクエートを解放したんだよ。

航　日本も参加したの？

爺　多国籍軍に自衛隊が参加することはなかったよ。
この頃の国民感情としては、ミグ２５事件（昭和５１年）の頃と比べると、災害派遣活動等を通じて国民の自衛隊に対する理解は大分深まってきていたんだけど、自衛隊（軍隊）の海外派遣に理解を示す一般国民は、恐らく、この時点ではほとんどいなかったんじゃないかな。

航　なにもしなかったの？

爺　多国籍軍に参加するというような人的な貢献はしなかったけど、１３０億ドルに上る資金協力をしたんだよ。
だけど、クエートを始め国際社会から資金協力に対する感謝や良い評価は得られなくて、むしろ、お金で済ませようとしたとして、国際社会からは日本の貢献姿勢が問われてしまったんだ。

航　それでどうなったの？

爺　外交上のダメージを回復する目的で、停戦後の
１９９１年４月に、敷設されたままになっている機雷を除去するために海上自衛隊をペルシャ湾に派遣し、翌１９９２年には国際平和協力法を成立させて、国際貢献活動をするために陸上自衛隊をカンボジアに派遣したんだよ。

航　自衛隊を海外派遣したの？ 国民の反対はなかったの？

爺　勿論あったよ。
さっきも話したように、自衛隊（軍隊）の海外派遣

に賛成する一般国民はほとんどいなかったからね。
　だけど、カンボジアに派遣された自衛隊の部隊は、派遣前に心配されていたような戦闘に巻き込まれるというようなことはなくて、現地での目覚ましい活躍が報道されたり、１９９５年の阪神淡路大震災や地下鉄サリン事件で自衛隊の活動が多くの国民に評価されて、むしろ反対運動はなくなっていったんだよ。
　これがキチンとした防衛論議がなく防衛政策上の敷居が下がったと感じた二度目の出来事だよ。

尊　反対運動がなくなったのは、いろいろなところで自衛隊が活躍したから？

爺　当時の自衛隊の社会貢献の状況を考えると、その影響は大きかったと思うよ。ペルシャ湾やカンボジア派遣で、戦闘に巻き込まれることなく、国際的な平和維持に貢献できたという国民的な満足感や、阪神淡路大震災や地下鉄サリン事件で、国民の安全確保や社会秩序の維持に大きな役割を果たしたことから、「自衛隊＝戦争」という国民感情が和らいで反対運動がなくなっていったんじゃないかと思うんだけど、正確なところは研究してみないと解らないけどね。
　いずれにしても反対運動は収まって、これ以降、ＰＫＯは恒常的に行われるようになるんだ。

航　おじいちゃんが防衛政策上の敷居が下がったって感じたのは、自衛隊の海外派遣について、国民は最初反対していたのに、自衛隊の活躍で、いつの間にか反対の声がなくなって、受け入れるようになってしまったから？

爺　そうだよ。そしてね。おじいちゃんは、自衛隊（軍隊）を海外に派遣するということは国民的な議論なしに決めるようなことではないと考えているんだ。だから、こういう敷居の下がり方はとても問題だと思っているんだよ。

航　どうして？

爺　それはね、自衛隊を我が国の領域内で使用するか、領域外の海外に広げて使用するかということは、国が何のために自衛隊を保持し、どのように使うかという我が国の安全保障政策の基本に係わることなので、国民共通の理解と了解が得られていなければならないと考えるからだよ。

そして、この問題は、本来、「何を何からどのように守るか」という安全保障政策上の視点から国民的な議論を経て具体化されるべきだと思うんだけど、実際は、戦後一貫して、「憲法９条」と「自衛権と自衛力の保持」の関係をどのように解釈するかという視点からの議論ばかりがなされ、その時々の解釈を国の共通認識としてきてしまったんだよ。

少なくとも、現行の憲法制定から東西冷戦時までの解釈では、主権国家としての固有の自衛権と、自衛権の行使を裏付ける自衛のための必要最小限度の実力の保持は認められるとして、行使する場所は、我が国の領域内と考えられていたと、おじいちゃんは理解していたよ。自衛隊の海外派遣に関する政府答弁を見ても、１９５４年（昭和２９年）に、鳩山内閣は、陸海空自衛隊の発足に当たり、参院本会議で「自衛隊の海外出動禁止決議」を行って以降、自衛隊の海外派遣には否定的な考え方を貫いて来たはずなんだよ。

イラクのクエート侵略に際しての我が国の国際社会への協力姿勢に対して国際社会から受けたマイナス評価は、経済を始めとする国益上非常に大きな問題だけど、この問題と自衛隊の海外派遣は全く別次元の問題なので、キチンとした議論をすべきだったと考えているよ。

航　そうか、国益と安全保障の問題は、我が国にとってどちらも大切な問題だけど、キチンと整理して議論しなければならなかったんだね。

爺　そう思うよ。それじゃ、話を次に進めるね。

コラム② 自衛隊のペルシア湾派遣

自衛隊初の海外実任務である。

湾岸戦争は 1990 年 8 月 2 日イラク軍によるクウェート侵攻に対処すべく、国連安全保障理事会がイラクの即時撤退と武力行使容認決議を採択したため、多国籍軍の派遣が決定され、1991 年 1 月 17 日にイラク空爆を開始した戦争である。2 月 23 日には陸上部隊も進攻が始まった。34 カ国からなる多国籍軍は、陸上進攻が始まると圧倒的な勝利をおさめ、クウェートを解放した。陸上戦開始から 100 時間後に戦闘は終了した。

停戦は 4 月 11 日に発効されたが、防衛庁（当時）長官は海上自衛隊に対し、「我が国船舶の航行の安全を確保するため、ペルシア湾における機雷の除去及びその処理を行う」ことを 4 月 24 日に発令した。

この発令により「ペルシア湾掃海派遣部隊」が編成され、4 月 26 日に出港した。部隊は掃海母艦「はやせ」、掃海艇「ひこしま」「ゆりしま」「あわしま」「さくしま」、さらに補給艦「ときわ」で構成された。掃海任務は 6 月 5 日から 9 月 11 日まで実施された。掃海任務は既に多国籍軍の掃海艇部隊でも行われていたが、海上自衛隊部隊は計 34 発の機雷を処分した。特に多国籍部隊が手つかずであった海域でも機雷の処分を行い、ペルシア湾における船舶航行の安全確保に多大の貢献を行った。

日本はこの戦争に対し、130 億ドルという巨額の資金協力を行った。しかし、海外から「日本はカネは出すが人は送らず」との批判を受けた。また、クウェートが戦争終結直後にワシントン・ポスト紙全面で参加国に対する感謝の広告を掲載し、その国旗を掲載したが、日本の日の丸は無かった。このため、日本のマスコミ、国民は政府の湾岸戦争への対応を批判した。このことから、機雷除去は航路の安全確保に多大の貢献をなし、自衛隊の海外派遣には抵抗感の強かった国民世論にも受け入れ易いと判断され、この派遣となった。

参考：Ｗｉｋｉｐｅｄｉａ

コラム③ カンボジアＰＫＯ派遣

1991 年（平成 3）の掃海艇部隊によるペルシア湾派遣が海上自衛隊の初の海外任務であるなら、この 1992 年のカンボジアＰＫＯ派遣は陸上自衛隊の初の海外任務であった。この派遣は自衛隊が国際平和協力法に基づいて、国際連合平和維持活動（ＰＫＯ）の一環として、カンボジアに派遣されたものである。

9 月 3 日国連から日本政府に正式な派遣要請があった。それに応え、9 月 11 日に第 1 次カンボジア派遣施設大隊が編成され、9 月 17 日呉港から海上自衛隊の輸送艦に乗艦して、派遣施設大隊の一部隊員が出港した。10 月 2 日にシアヌークヴィルに入港している。

9 月 23 日、24 日に航空自衛隊小牧基地から第 1 次派遣施設大隊の第 1 次先遣隊が出発した。一行は 25 日、26 日にカンボジアに到着した。

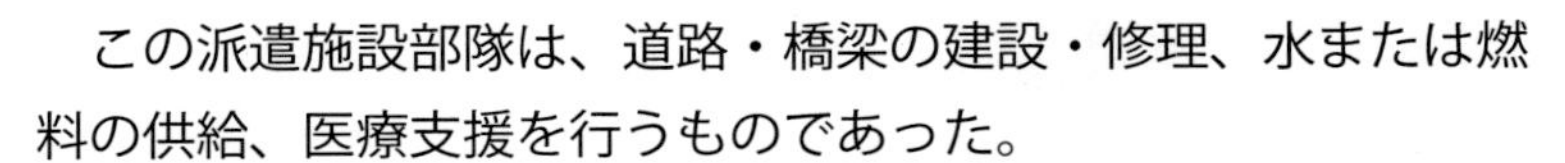

この派遣施設部隊は、道路・橋梁の建設・修理、水または燃料の供給、医療支援を行うものであった。

自衛隊からはこの施設大隊および停戦監視要員が派遣され、自衛隊以外からは文民警察要員、選挙監視要員も派遣された。

この派遣部隊の特性は、武器の携行で、拳銃、小銃のみと言うことであった。明らかに現地のゲリラ兵よりも軽装備で、自衛隊員の安全が可能かの論議があったが、戦後初の地上部隊の派遣のため、国内外の批判に考慮して、決定された。また、武器使用、部隊行動基準についても厳しく制限された。

このカンボジア派遣では、文民警察官高田晴行さんがゲリラの攻撃で殺害されるという事件が発生している。このため、次期のルアンダ難民救援派遣では機関銃の携行が許可され、国際平和協力法も1998年（平成10）には改正されて、武器使用が現場の上官の命令を条件に認められ、さらに2001年には「自己の管理下に入った者」（派遣部隊が保護した難民、他国のＰＫＯ要員）の防衛、自衛隊の武器を防護するための武器使用が認められている。

参考：Ｗｉｋｉｐｅｄｉａ

３　北朝鮮のテポドン発射実験と新装備導入要領の変化

爺　じゃ、自衛隊の変化の三つ目の出来事について説明するね。

１９９８年（平成１０年）に、北朝鮮は、テポドン１号という弾道ミサイルの発射実験をしたんだけど、この北朝鮮から発射されたミサイルは、津軽海峡付近から日本列島上空を超えるコースを飛行して、第１段目の推進装置が日本海に、第２段目の推進装置と弾頭が三陸沖に落下して、日本中が大騒ぎになったんだよ。

悠　ええ！　弾道ミサイルが日本の国の上空を通過したの？　そんなことが許されるの？

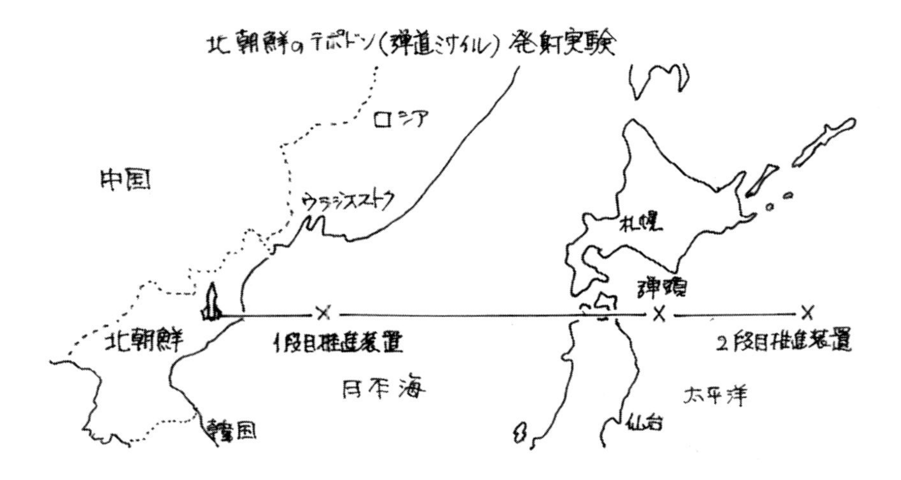

爺　日本の国の上空を通過するような弾道ミサイルの発射実験なんて言語道断だよ？

推進装置や弾頭が日本海や太平洋じゃなくて、日本の国土に落ちないという保証は何もないんだからね。日本の国を馬鹿にしているとしか思えないよ。

悠　そうだよね。とんでもないよね！　謝罪させたりできないの？

爺　悔しいけど、これがなかなか難しくてね。

北朝鮮は、弾道ミサイルの発射実験ではなく人工衛星の打ち上げだと最後まで主張を曲げなかったので、結局、国連安全保障理事会も「ロケット推進による物体を打ち上げた行為に対し遺憾の意を示す。」という報道に留まったんだよ。

琉　何か納得できないよ。

だけど、弾道ミサイルの発射はどうして解ったの？

爺　恐らく最初は、弾道ミサイルの発射準備の兆候をアメリカの偵察衛星が発見して、いろいろな情報から発射実験を付き止めたんじゃないかな。

琉　じゃ、アメリカが教えてくれなかったら解らなかったの？

爺　そうだよ。だから、政府はこの弾道ミサイルの発射実験を契機として偵察目的の情報収集衛星の導入を決心して、１２月に閣議決定したんだ。

だけどね。１９６９年（昭和４４年）に、衆議院で「我が国における宇宙の開発及び利用の基本に関する決議」を全会一致で可決して以来、日本の衛星開発と利用は専ら非軍事目的に限られ、軍事用の偵察衛星は保有しないという意思を貫いてきたんだ。

航　そうか。

これも国民的な議論を欠いたまま敷居を下げた例なんだね。

爺　そうなんだよ。話を続けるね。

コラム④ テポドン１号発射

1998 年（平成 10）8 月 31 日、北朝鮮（朝鮮民主主義人民共和国）は東部沿岸からテポドン１号を日本海に向けて発射した。事前通告無しであった。

平成 11 年版防衛白書ではこの飛翔物体を次のように報告した。（要約）

発射直後は、収集した諸情報を分析の結果、１個の物体が日本海に、また、２個の物体が三陸沖に落下したものと推測された。

その後、アメリカの協力を得て分析した結果、飛翔体は発射１～２分後、物体Ａを分離し、その物体は日本海に落下した。物体Ａは第１段目の推進装置と考えられる。飛翔体はさらに加速を続け、物体Ｂを分離した。物体Ｂは三陸沖の太平洋に落下した。残りの物体Ｃはさらに数分間平坦な弾道軌道を飛翔した後、大気圏に再突入した。その後、三陸沖のさらに遠方の太平洋に落下したものと推定される。（平成 11 年版防衛白書）

この日本列島通過のミサイルは、当時多くの日本人を驚かせ、北朝鮮に対する非難となった。北朝鮮は９月４日「飛行物体は人工衛星である」と主張した。しかし、周回軌道に乗ったことは確認されなかった。

この打ち上げを契機として、日本政府は観測態勢を充実させるべく、偵察目的の情報収集衛星を導入することとなった。なお、テポドンは欧米側の呼称である。

参考：Ｗｉｋｉｐｅｄｉａ

４　冷戦終結に伴う安全保障環境の変化と自衛隊の我が国領域外での軍事活動を伴う行動の容認

爺　次に自衛隊の変化の四つ目の出来事について話を進めるね。

国民的な議論を欠いたまま敷居をさげたと感じた四つ目の出来事は、東西冷戦終結後の安全保障環境の変化に対応するために実施した日米防衛協力のガイドラインの見直しと周辺事態法の立法措置なんだよ。

航　どういうこと？

爺　ちょっとポンチ絵を見てごらん。

これは、安全保障環境と防衛政策の関係を表したもので、安全保障環境が東西冷戦時代の防衛政策は、日米安全保障条約と日米防衛協力のガイドラインを基礎として構成していたことを表し、東西冷戦の崩壊に伴う安全保障環境の変化に対して、防衛政策を日米防衛協力のガイドラインの見直しと周辺事態法の立法化措置によって対応するように修正したことを表しているんだよ。

これから、このポンチ絵で表したことを具体的に説明していくね。

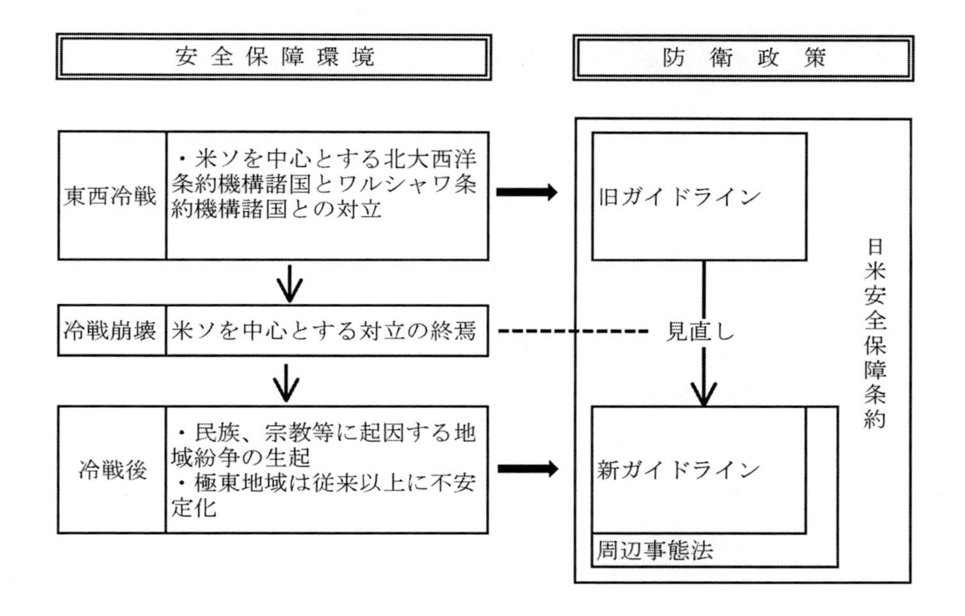

説明に当たっては、東西冷戦時に締結した日米安全保障条約と、この条約に基づいて防衛協力の枠組みを取り決めた日米防衛協力のガイドラインについて最初に説明して、次に、東西冷戦の終結によって安全保障環境がどのように変わったかを説明し、最後に、この安全保障環境の変化に対応するために行った日米防衛協力ガイドラインの見直しと周辺事態法の立法化措置について説明することにするね。

航　うん。

爺　それじゃ、東西冷戦下に締結した日米安全保障条約とこの条約に基づいて日米間で取り決めた日米防衛協力のガイドラインから説明するね。

因みに、この時に取り決めた日米防衛協力のガイドラインのことを旧ガイドラインって呼んでいるんだよ。

１９４５年（昭和２０年）に日本が降伏して、第２次世界大戦が終わる話は前にしたよね。戦争が終わって、日本はアメリカに占領されたんだけど、１９５１年（昭和２６年）にサンフランシスコ条約に調印して主権を回復するんだよ。この時に日米安全保障条約も結んだんだ。これらの条約の締結で西側諸国の一員として戦後の国際社会に復帰することになるんだよ。

尊　ふうん?!　日米安全保障条約ってアメリカと同盟国になるってことでしょ？アメリカと戦争してたんじゃなかったの？　何で戦争してた国と同盟を結ぶの？

爺　そうだね。

戦後、何故西側諸国の一員となって、日米安全保障条約を結ぶようになったかを考える必要があるね。

戦争が終わって間もない日本の国は、軍事施設を始め、大都市や商・工業施設のほとんどが破壊されてしまったので、国の経済機能は壊滅状態で、多くの国民は貧しく飢えに苦しむという状況だったんだよ。

アメリカの占領行政は、日本の復興に力を注ぐとともに、日本を民主国家に変える目的をもって、新憲法（現行憲法）の制定を始めとするいろいろな政策を進めていったんだよ。その政策の１つに主義思想の自由を認めるというものもあって、この政策を機に当時の日本社会に社会主義思想が急速に広がったんだよ。

尊　戦前って、主義思想が自由じゃなかったの？

爺　そうだね。

戦前は、社会主義や共産主義は厳しく取り締まられたようだね。だから、それまで自分が社会主義者、あるいは共産主義者だということを隠してきた人達は、戦後、占領軍に自分たちの存在や主義思想が認められたと考えて、社会主義、共産主義を広める活動を活発化していったんだよ。

戦後の日本社会は、飢えと貧しさに覆われていたので、社会主義の支持者も増えていったんだ。

尊　ふうん。そんな状態だったんだ。

爺　そして、前にも説明したように、当時は、米ソを中心とする激しい東西対立の真っ只中で、ソ連は、貧しく不安定な国に対して、社会主義化を支援する様々な工作をしていたので、日本も社会主義革命が起こる可能性が全くなかったというわけではなかったんだよ。

それが、何故西側諸国の一員となって、日米安全保障条約を結ぶことになったのかという疑問への解答は、これから挙げるいくつかの要因が重なって、国民の多数の判断となって、西側諸国の一員になったんだと考えているよ。

尊　要因って？

爺　まず、１つ目は、アメリカと戦うことになった第２次世界大戦だけど、この時、日本もアメリカも国の経済の仕組みは共に資本主義で価値観が同じだったこと、２つ目は、日本を占領した国がアメリカだったこと、３つ目は、日本の経済復興にアメリカが大きく貢献したこと、４つ目は、１９５０年（昭和２５年）の朝鮮戦争に伴う経済特需で日本経済が急速に復興して国民生活が向上し始めたことだと考えているよ。どうしてアメリカと同盟を結ぶようになったか、解った？

尊　うん。なんとなく。

爺　それじゃ、日米安全保障条約に話を進めるね。

日米安全保障条約は、１９５１年（昭和２６年）に結ばれ、１９６０年（昭和３５年）の改正を経て現在に至っているんだけど、その内容は、第５条でアメリカの対日防衛義務が定められ、第６条で日本の施設・区域の提供が定められていて、片務的な性格に特色があるんだよ。

尊　片務的な性格って？

爺　本来、安全保障上の同盟関係って対等な立場で、双方が同じ負担を負って相互に助け合うもんなんだけど、この日米安全保障条約は、アメリカは日本の防衛義務を負っているのに、日本は憲法上の制約を理由にアメリカの防衛義務を負っていないんだよ。

だから、しばしばアメリカ国内で、日本に有利すぎる条約だと非難の声が上がっているんだよ。

尊　ほんとに不公平だね。何かあった時にほんとに助けてくれるの？

爺　条約を締結した当時は、戦後の国際情勢や日本の経済、防衛能力の状態、日本の再軍国主義化の防止等、アメリカとしての思惑もあってこれで良しとしていたんだろうね。だけど、現在は、経済力を始め国際的にも責任のある立場になってきたんで、一層応分の負担を求められるようになるんだろうね。
　日米安全保障条約は大体解ったかい？

尊　うん。

爺　東西冷戦下の極東の安全保障環境は、日本、韓国、フィリピンに駐留する米軍と、極東ソ連軍が対峙するという全般的な枠組みの中で、朝鮮半島では北朝鮮と韓国が国境で対峙し、中国が非同盟諸国として極東の東西バランスに微妙な影響を与えていたという状態だったんだよ。ちょっと、極東の地図を見てごらん。地図上の日本の位置をみてどう思う？

航　どう思うって？

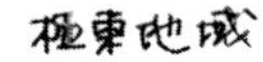

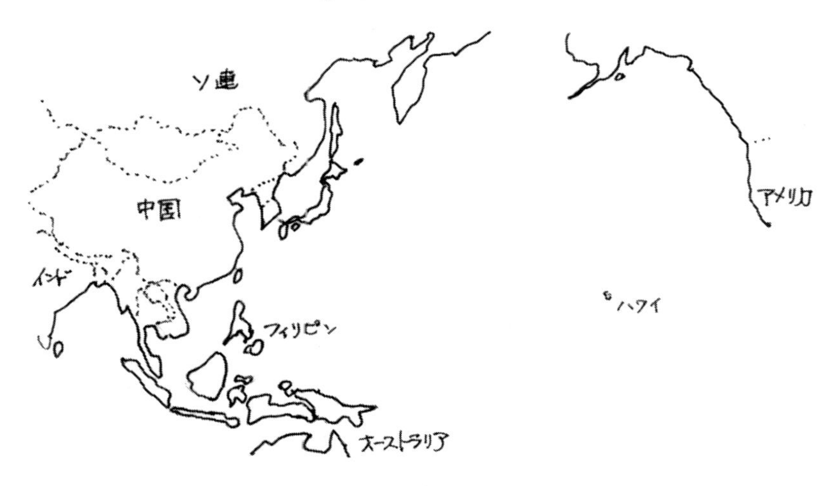

爺　東西冷戦は、超大国の米ソを中心とするそれぞれの同盟国の対立だったんだけど、極東地域はどうなっている？

航　ああ、そうか。

日本は、東側陣営の中心のソ連と日本海を挟んで直接対峙しているんだね。日本は、まるで極東地域における西側陣営の防波堤みたいだね。

爺　そうなんだよ。日本は、極東における西側陣営の最前線だったんだよ。

航　何か､運が悪いっていうか､大変な場所にあるんだね。

爺　そうだね。日米安全保障条約は、第５条でアメリカの対日防衛義務を定めているんだけど、アメリカの対日防衛義務の果たし方について具体化されていなかったんだよ。そして、この問題を解決するために、日本有事の際に、日米両国がどのような防衛協力をするかという枠組みを日米防衛協力のガイドラインとして明らかにしたんだ。

航　そうか。日米安全保障条約では、アメリカは日本を守ると約束しているんだけど、守るために日本にどのような協力をするかまで決めていなかったので、日米防衛協力のガイドラインで具体的にしたっていうことか。

爺　そうだね。

航　だけど、おじいちゃん！
　日本有事の時にアメリカがどのように日本に協力するか具体的にしておかないことって、そんなに問題なの？
　どこかの国が日本に攻めてきたら守りますよって、約束してくれればそれでいいんじゃないの？

爺　ただ有事になったら守りますよというのと、有事になった時の具体的な協力の仕方や守り方を予め決めておくということは、抑止力の面からも、有事の防衛行動の有効性の面からも安全保障上大変な違いがあるんだよ。

航　ふうん。そうなんだ。それじゃ、日米防衛協力のガイドラインの内容について教えて。

爺　この日米防衛協力のガイドラインは、１９７８年（昭和５３年）１１月に、日米両政府によって了承されたんだけど、この頃の国際情勢は、前にも説明したように米ソを中心とする東西対立の真っ只中だったこともあって、当時、最大の脅威と考えられたソ連の侵略に備えるものだったんだよ。

取り決めの内容は、

Ⅰ　侵略を未然に防止するための態勢

Ⅱ　日本に対する武力攻撃に際しての対処行動等

Ⅲ　日本以外の極東における事態で日本の安全に重要な影響を与える場合の日米間の協力

の３項目からなっていて、

Ⅰの『侵略を未然に防止するための態勢』では、日本は、適切な防衛力の整備と、米軍に対する在日施設・区域の提供を定め、アメリカは、核抑止力の保持と、日本に対する支援兵力の保持を定めて、更に、日本有事に備えて、共同作戦計画の研究、共同演習・訓練の実施等自衛隊と米軍との協力態勢の整備について明らかにしたんだよ。

そして、Ⅱの『日本に対する武力攻撃に際しての対処行動等』では、日本にする武力攻撃がなされた場合の対処方針として、日本は原則として、限定的かつ小規模な侵略を独力で排除することとし、独力で排除することが困難な場合に、米国の協力をまって、これを排除するとして、日米の役割を定めたんだよ。

航　ふうん、有事になったら、「ただ守りますよ。」というのとでは全然違うね。

爺　この東西冷戦（１９７８年）の時にできた日米防衛協力のガイドラインでは、専ら、日本の領域内における協力内容を、Ⅰの『侵略を未然に防止するための態勢』とⅡの『日本に対する武力攻撃に際しての対処行動等』で具体化して、Ⅲの『日本以外の極東における事態で日本の安全に重要な影響を与える場合の日米間の協力』については、米軍に対して行う便宜供与のあり方を相互に研究するということに止めたんだよ。

航　Ⅲの『日本の領域外の事態で日本の安全に重要な影響を与える場合の日米間の協力』については、どうして具体化しなかったの？

爺　それは、当時、集団的自衛権の行使は認められていなかったし、また、憲法解釈上も日本の領域外で米軍とともに武力行使にあたる活動や自衛隊の海外派遣はできないという法的制約からだと思うよ。

ところで、今まで、日米安全保障条約とその条約に基づいて定めた日米防衛協力のガイドラインについて説明したんだけど、解ったかい？

特に、この時に定めた日米防衛協力のガイドラインは、米ソが対立していた東西冷戦という安全保障環境の下に、当時、最大の脅威と考えられたソ連の侵略があった場合に如何に協力するかを具体的に定めたものだということを覚えておいておくれ。

航　うん。

爺　次に東西冷戦の終結によって安全保障環境がどのように変わったかについて説明して、続いて、この安全保障環境の変化に対応するために行った日米防衛協力のガイドラインの見直しと、周辺事態法の立法措置について説明するね。

東西冷戦時の安全保障環境は米ソの対立が軸だったということは理解したよね。

この東西冷戦が終結した後の安全保障環境は、ソ連が敗北する形で米ソの対立という枠組みがなくなって、世界的な規模の武力紛争が起こる可能性は低くなったんだけど、米ソという超軍事大国の対立で抑え込まれてきた宗教や民族上の問題に起因する複雑で多様な地域紛争が発生しだしたんだよ。

そして、日本周辺の情勢は、極東ロシア軍の兵力は削減の兆しがなく、朝鮮半島では、韓国と北朝鮮の軍事的対峙は依然として継続したままの状態であるばかりか、北朝鮮による核や弾道ミサイルの開発で軍事的緊張は高まって、冷戦後、一層不安定な状態になっていったんだよ。

この安全保障環境の変化に対応できるような防衛体制を築くために、日米防衛協力のガイドラインを見直すとともに、周辺事態法を成立させたんだ。

尊　日米防衛協力のガイドラインは、どんなふうに見直したの？

爺　そうだね。

まず、東西冷戦下の極東の安全保障環境は、極東における米ソの対立を軸としたものだったので、日米防衛協力のガイドラインは、当時最大の脅威と考えられたソ連の侵略に対する協力内容を定めたものだったんだけど、東西冷戦の終結によって、ソ連による侵略という脅威は著しく低下したものの、北朝鮮の弾道ミサイル、南北朝鮮の対立等東西冷戦時と異なる安全保障上の脅威の顕在化に対応するために見直したんだよ。

この見直したガイドラインは、新ガイドラインと呼ばれてね、内容は、

① 平素から行う協力

② 日本に対する武力攻撃に際しての対処行動

③ 日本周辺地域における事態で日本の平和と安全に重要な影響を与える場合（周辺事態）の協力

の３つの分野について、日米両国の役割並びに協力等の在り方に関して、一般的な大枠と方向性を明らかにしたんだよ。

尊　３つの分野は、旧ガイドラインと似ているね。

爺　そうだね。３つの分野の捉え方は、旧ガイドラインと変わらないと思うよ。

ただ、３つ目の『日本周辺地域における事態で日本の平和と安全に重要な影響を与える場合（周辺事態）の協力』については、周辺事態という概念を取り入れて具体化しているところが、旧ガイドラインとの大きな違いかな。それぞれの分野について見てみると、１つ目の『平素から行う協力』は、旧ガイドラインに比してより具体化され、２つ目の『日本に対する武力攻撃に際しての対処行動』は、日本に対する武力攻撃に際しての共同対処行動が、新ガイドラインでも引き続き日米防衛協力の中核的要素に位置付けられて、内容的には、日本は、原則として、限定小規模侵略を独力で排除するという旧ガイドラインの考え方に対して、新ガイドラインでは、日本に対する武力攻撃に際して日本が主体となって防勢作戦を行い米国がこれを補完・支援するという考え方に改められたんだよ。

３つ目の『日本周辺地域における事態で日本の平和と安全に重要な影響を与える場合（周辺事態）の協力』は、周辺事態という概念を取り入れた他、この周辺事態における日米協力について、

A. 日米両国政府が各々主体的に行う行動におけ

る協力
B. 米軍の活動に対する協力
C. 運用面における協力
の３つの項目に区分して協力内容を具体化していて、冷戦終結後の日米防衛協力のガイドラインの見直しとしては、最も大きな見直しをしたところだよ。

尊　３つの分野の捉え方に大きな変化は見られないけど、内容は随分変わったね。

爺　そうだね。
そして、もう一つ大きく変わったところがあるんだよ。
旧ガイドラインの３つ目の項の『日本以外の極東における事態で日本の安全に重要な影響を与える場合の日米間の協力』については、当時、ほとんど具体化されなかったと説明したでしょ。覚えてる？

尊　うん。

爺　旧ガイドラインで、日本以外の極東における事態について具体化されなかったのは、極東ソ連軍の侵略に対しては、我が国の領域内で対処することを前提としていたからなんだよ。
ところが、新ガイドラインは、冷戦終結後の極東の安全保障環境を踏まえて、日本の周辺地域における平和と安定の維持が日本の安全のために重要であるという考え方を踏まえて、平成８年の日米安全保障共同宣言で、日本の領域外の地域的問題への取り組みの協力と、旧ガイドラインの見直しの開始を合意して具体化されたので、領域外の対処を前提にしていて、ここが旧ガイドラインと大きく違っている点なんだよ。

ガイドラインの見直しについて解ったかい？

尊　うん。

爺　それじゃ、周辺事態法について説明するね。

この法律は、新ガイドラインの実効性を確保するために整備された法律の１つで、自衛隊が米軍に対して行う後方支援の内容を定めたものなんだよ。

爽　へえ！　何か、旧ガイドラインと全く違う感じだね。ところで、新・旧ガイドラインは、立法、予算、行政上の措置を義務付けないことが本来前提でしょ？

新ガイドラインの実効性を確保するために行った周辺事態法等の法整備は、日本が自主的に進めたの？

爺　そうだよ。日米安全保障体制の信頼性の向上は、我が国の安全保障上不可欠な要素でとても重要なことだからね。

爽　そうか。

爺　だけどね。　このガイドラインの見直しで、国民的な議論をしないまま、脅威に対する対処の範囲を領域内から領域外へ広げ、更に立法措置までしてしまったことは大いに問題があると思うよ。

くどくなるけど、誤解のないようにもう一度言うと、安全保障環境の変化に際しては、それまで採用してきた防衛政策に関して、継続の適否や変更の必要性について検討して、必要があれば見直すという作業は、当然実施しなければならないことで、ガイドラインの見直しについて検討したことは適切だったと考えているよ。

おじいちゃんが言いたいことは、この見直しによって、安全保障上の脅威に対する対処の範囲を領域内から領域外へ広げる政策に変更することになったんだけど、この見直しによる変更内容は、国が何のために自衛隊を保持し、どのように使うかという我が国の安全保障政策の基本に関わることなので、全ての国民が参加して、脅威に対処する範囲を領域外に広げるか否かキチンと議論すべきだったということだよ。

爽　だけど、おじいちゃん！

冷戦後の安全保障上の脅威は、北朝鮮の弾道ミサイルや朝鮮半島での武力衝突、そして侵略の可能性は低くなったけど目と鼻の先にいる極東ロシア軍でしょ？

対処の要領を考えると領域外も含めないと効果的な対処ができないような気がするんだけど。対処の範囲を領域外に広げないという結論はあったの？

爺　広げないという結論もあったと思うよ。

ただし、爽ちゃんが指摘したように有効性や効果は異なると思うけどね。

そして、もし、広げないという結論にするなら、我が国の問題だけでなく、同盟国のアメリカとの関係もあるので、信頼関係を壊さないように、できることと、できないことを丁寧に説明をして、納得してもらう努力もしなければならなかったと思うよ。

爽　そうか。おじいちゃんは、従来、安全保障上の脅威に対する対処の範囲を日本の領域内としていたのに、ガイドラインの見直しと周辺事態法の立法化によって、今まで認められていなかった日本の領域外に範囲を広げたので、防衛政策上の敷居が下がったと思ったんだね？

爺　そうだよ。そしてね。もう一つあるんだ。

前に話した「防衛政策上の敷居が下がったと感じた二つ目の出来事」を覚えているかい？

琉　うん。国際貢献活動のために自衛隊を海外に派遣することになったことだよね。

爺　今回の件は、国際貢献活動のための海外派遣の件とも併せて問題だと感じているんだよ。

この２つの問題は、自衛隊を日本の領域外で使用することで共通していて、国際貢献活動のための海外派遣では、軍事行動とは切り離した形で、自衛隊の使用場所を日本の領域内から領域外（海外）へ広げることによって敷居を下げ、今回の新ガイドラインと周辺事態法等の立法措置では、領域外における自衛隊の使用方法を軍事活動を伴う運用に使用範囲を広げることによって、更に敷居を下げたんだよ。

結果的に、自衛隊の使用に関する敷居を最初は場所で下げて、次にその方法という具合に２段階に分けて下げて、領域外でも軍事行動を含めて使えるようにしたんだ。このように、国の防衛政策の基本にかかわる内容が国民的な議論を踏まえた国民の了解を得ることなくなし崩し的に変わっていくことは、とても大きな問題だと思うよ。

琉　そうか。そのうち、防衛政策上の敷居がなくなりそうだね。

爺　そうなんだよ。国民的な議論を経て変わっていくのなら全く問題を感じないんだけど、今まで話してきたように国民不在のまま政治主導でどんどん変わってきているのでとても問題だと思うんだよ。

琉　そうだよね。

民意を反映したシビリアンコントロールが機能しなければならないんだよね。民意が反映されないシビリアンコントロールじゃ、問題が有るよね。

爺　大分解ってきたね。それじゃ、次は最後の出来事について説明するね。

５　有事法制基本法の成立

爺　じゃ、おじいちゃんの記憶に残っている印象的な自衛隊（防衛政策）の変化の最後の出来事について説明するね。

悠　うん。

爺　２００１年（平成１３年）９月にアメリカで同時多発テロ事件が起きたんだよ。

この時、おじいちゃんは、訓練で岩手の演習場にいたんだけど、旅客機が高層ビルディングに突っ込んでいく映像がテレビで繰り返し放映されていてね、これをたまたま見た時に、何の映像かピンとこなくて、近くにいた隊員に「何これ？　何かの映画の宣伝？」って聞いた覚えがあるんだけど、それ位、現実に起きたテロがニュースとして報じられているということを認識しがたい光景のテロ事件だったよ。

悠　どういうテロだったの？

爺　ウサマビンラディンという者を首謀者とするアラブのテロ組織が、４機の旅客機をハイジャックして、２機がアメリカの世界貿易センタービルに、１機がアメリカの国防総省（ペンタゴン）に突っ込んで、死者約３，０００人、負傷者約６，０００人を出した自爆テロ事件だよ。

この時、日本中が騒然となって、この先、テロはどこでも起こると感じたよ。

そして、また、この頃は、北朝鮮の不審船事案がたびたびあって、アメリカ同時多発テロの３か月後の２００１年１２月には、九州南西海域工作船事件という不審船事件が起きたんだ。

琉　不審船って何？

爺　国籍不明の船のことだよ。
犯罪行為や工作活動をするために、海上で目立たないように漁船等に似せて造られた船だよ。

琉　ふうん。九州南西海域工作船事件て、どんな事件だったの。

爺　それはね。

不審船がいるという情報を米軍からもらって、海上保安庁が捜索にあたることになってね、この時、海上保安庁の巡視船が東シナ海の公海上でその不審船を発見して、排他的経済水域内で無許可漁業等を行っている疑いがあるとして、停船を命じて、立ち入り検査をしようとしたんだけど、この船は、停船命令を無視して逃げたんだよ。それで、この巡視船は強制捜査をするために逃走する不審船に威嚇射撃で停船させようとしたんだけど、なおも逃走を続けたので船体射撃に切り替えて追跡を続けてね、最後は、不審船に接舷を強行しようとした時に、不審船から自動小銃や対戦車ロケット弾等で射撃してきたので銃撃戦になってね、結局、不審船はそれ以上の逃走を諦めて自爆して沈没したんだよ。

琉　ええ!?　自動小銃や対戦車ロケット弾で銃撃戦だって！　まるで戦争だね。

爺　ああ、そうだよ。

だから、アメリカの同時多発テロ事件の発生で、国際テロの脅威が認識されて、更に、不審船事件で、北朝鮮による武装工作活動の脅威も意識せざるを得なくなったんだよ。こんな状況から、有事法制の整備に向けての環境が醸成されていって、２００２年（平成１４年）、小泉内閣の下で有事法制の基本的な枠組みとなる武力攻撃事態法を始めとする武力攻撃事態関連３法案が国会に提出されて、２００３年に可決されたんだけど、これが、おじいちゃんの印象的な自衛隊（防衛政策）の変化の最後の出来事だよ。

悠　武力攻撃事態法って、どんな法律なの？

爺　それはね、日本が外国等から武力攻撃を受けた時に備えて、対処態勢を整備するために、対処の基本理念、国・地方公共団体・指定公共機関の責務、国民の協力、その他基本となる事項等を定めたものだよ。

悠　対処の基本理念て何？

爺　この法律の第３条に定めているんだけど、次の５項目からなっているんだよ。

① 対処においては、国、地方公共団体及び指定公共機関が、国民の協力を得つつ、相互に連携協力して万全の措置を講ずる。

② 武力攻撃事態が予測されるときは、発生の回避に努める。

③ 武力攻撃事態においては、武力攻撃の発生に備えるとともに、武力攻撃が発生した場合には、これを排除しつつ、その速やかな終結を図る。ただし、排除に当たっての武力の行使は、事態に応じ合理的に必要と判断される限度で実施する。

④ 対処において、憲法の保障する国民の自由と権利が尊重されなければならず、これに制限が加えられる場合にあっても、その制限は対処するため必要最小限のものに限られ、かつ、公正かつ適正な手続き

の下に行う。

この場合において、憲法の第１４条、第１８条、第１９条、第２１条、その他の基本的人権に関する規定は最大限に尊重する。

⑤　対処に関する状況は、適時かつ適切な方法で国民に明らかにする。

というものだよ。

悠　おじいちゃん！　４つ目の憲法の保障する国民の自由と権利について、尊重されなければならないとしながら、「これに制限が加えられる場合にあっても」っていうことは、憲法で保障されている国民の自由と権利が制限されるってこと？

爺　そうだよ。

政府の見解は、基本的人権は公共の福祉により制約が加えられ得るとして、武力攻撃事態への対処は、高度の公共の福祉に当たるとしているんだよ。

悠　ふうん。国民が受ける制約について、国会でどんな審議があったの？

爺　２００３年（平成１５年）の武力攻撃事態法の審議の中では、制約に関しての具体的な説明や議論はなかったね。

ただ、野党から、対処の基本理念で基本的人権の制約について規定している部分について、考え方をもっと具体的に規定すべきだとする指摘があって、この指摘に応える形で、第３条４項後段に、「この場合において、憲法第１４条（法の下の平等）、第１８条（奴隷的拘束及び苦役からの自由）、第１９条（思想及び良心の自由）、第２１条（集会、結社、表現の自由、通信の秘密）、その他の基本的人権に関する規定は最大限に尊重されなければならない。」という文言が追加されたんだよ。

そして、その翌２００４年に、有事関連７法が国会に提出されて可決されたんだけど、この時も、個々の国民が受ける基本的人権の制約について具体的な説明や議論はなかったよ。

航　これらの法律で、一般の国民が基本的人権に関して制約を受けるということなんだけど、具体的にどのような制約を受けるかということを定めた法律はこれから決まるの？それとも、もう立法化された有事関連３法や７法で制約を受けるの？制約って、いったいどんな制約を受けるの？

この問題は、僕だけじゃなくて、一般の国民の人達だってよく知らないと思うんだけど。

爺　そうだね。それじゃ、この武力攻撃事態法と、この時に一部改正された自衛隊法で、財産権が制約される場合について説明するね。

航　うん。

爺　例えばね。

自衛隊法の第７７条の２（防御施設構築の措置）と、第１０３条（防衛出動時における物資の収用等）、第１０３条の２（展開予定地域内の土地の使用等）を適用する場合に、都道府県知事は、防衛大臣又は政令で定めるものの要請に基づいて、個人の土地や家屋を使用できるようになるんだよ。

もう少しわかり易く言うと、日本を侵略しようとする国が、侵略の準備を着々と進めている時に、防衛大臣は、自衛隊法第７７条の２に基づいて、侵略に備えて、攻撃が予想される場所に防御施設を作ることを自衛隊に命令することができるんだよ。

そして、防御施設を作ろうとするところに私有地がある場合は、防衛大臣が都道府県知事に要請することで、都道府県知事は自衛隊法第１０３条及び第１０３条の２に基づいて、その私有地が使えるようになって、都道府県知事の了承の下に、自衛隊がその私有地に防御施設を作れるようになるんだよ。

航　ええ!!　自分の土地や家が取り上げられて、そこに戦うための陣地ができるってこと？　そこで戦争が始まるの？　冗談じゃないよ！　個人の私有地がない場所でやればいいじゃん！

爺　そううまくいかないんだよ。

侵略しようとする外国の軍隊は、その侵略目的を達成し易い場所を選んで侵攻（攻撃）してくるから、守る方は受け身なので自由に戦う場所を決めることができないんだよ。

そして、もう一つ、侵略してくる可能性が高い場所に防御陣地を作るときに、外国の軍隊が攻めて来そうな場所なら、どこに陣地を作ってもいいというもんじゃないんだよ。侵略しようとする外国の軍隊が攻撃しにくくて、自衛隊が　守り易い場所を選ばないとダメなんだよ。侵略軍が攻撃し易くて自衛隊が守りにくい場所だと、自衛隊はうまく守れないから被害や損害がどんどん大きくなってしまうんだよ。

絵を見てごらん。例えば、自衛隊が守り易いＡさんの私有地が使えないと、侵略軍は手薄な陣地のないＡさんの私有地から攻め込んで、簡単に内陸に侵攻できてしまうことになるんだよ。

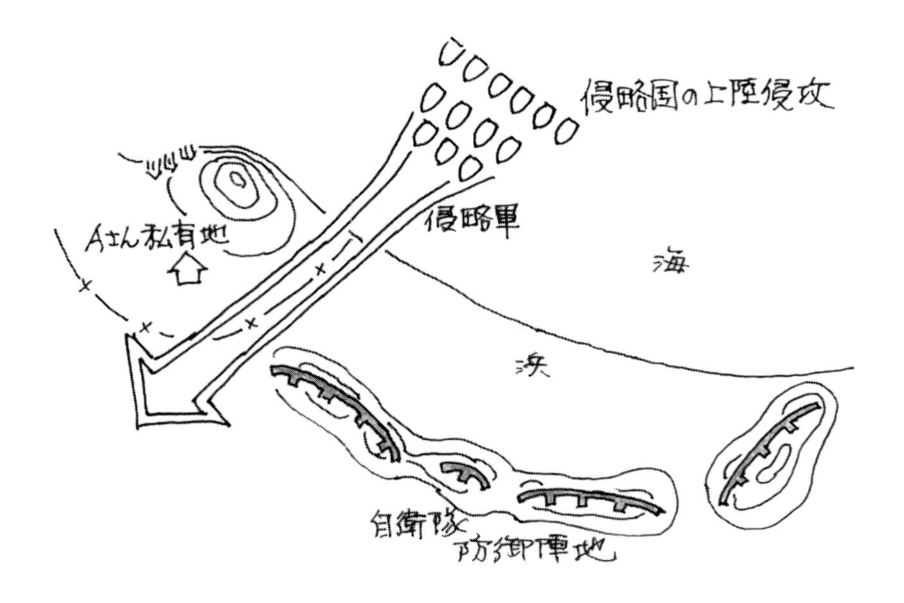

航　そうか。でも、やっぱり、僕がそのＡさんなら我慢できないよ。

自分の土地も家も戦いでメチャクチャになっちゃうじゃない！　やっぱり、他でやってもらいたいよ。自分の土地で戦争だなんて納得できないよ。

爺　そうだね。だけど、よく考えてごらん。

侵略軍に占領されたら、土地も家もなくなってしまうんだよ。北方領土問題って知ってる？北海道の知床半島の東に、国後島、択捉島、歯舞島、色丹島という４つの島があって、これらの島は古来から日本固有の領土なんだけど、第２次世界大戦後に、ソ連に不法に占領されてしまって、未だに返してもらえないんだよ。戦前、これらの島に住んでいた人たちは、土地も家も亡くしたばかりか、未だに、お墓参りすら自由にできないんだよ。外国に占領されるということはそういうことなんだよ。

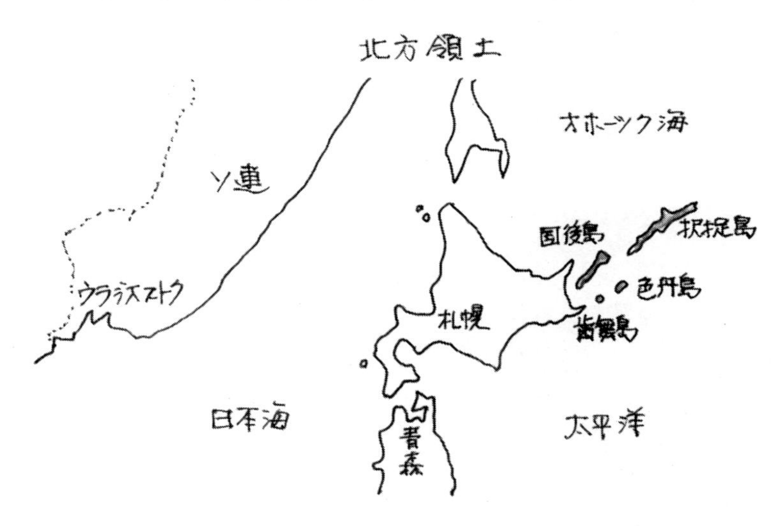

航　ううん…。外国に占領されるのはもっとイヤだけど、それなら自分の土地と家が取り上げられても構わないって、素直に思えないのが正直な気持ちだよ。

だけど、よく国民やマスコミが反対しなかったね。

爺　この時は、アメリカの同時多発テロの発生や日本周辺海域での不審船事案に伴うテロの脅威の高まり、小泉総理に対する高い支持率と与党優位の情勢、更に野党第1党の民主党の有事法制への賛同で大きな反対は起きなかったよ。

航　もし、国会で国民の自由と権利が制約される具体的な場合を明らかにして審議していたら、集団的自衛権を認める安全保障法案の時と同じか、あの時以上の大規模な反対行動が起きてたんじゃないかな？

爺　そうかもしれないね。
今、話した財産権の制約の例は一つの例でね、武力攻撃事態法では、まだ他に憲法の保障する国民の自由と権利に制限が加えられる場合があるとしているんだけど、尊ちゃんはこの武力攻撃事態法で国民の自由や権利を制約する根拠を公共の福祉とする考え方をどう思う？

尊　ええ？　どう思うかって……。
ううん。よくわからないけど、平和時の日常生活の下で公共の福祉を理由に国民の自由と権利を制約する考え方を戦争のような非常事態に適用するという考え方にちょっと引っかかるんだけど。平和な時と、戦争のような非常時は分けて考えた方がいいような気がするんだけど。

爺　どうして分けた方がいいと思うの？

尊　戦争のような場合は、領土が取られちゃうことがあるんでしょ？　平和な場合はそんなことないよね。

爺　いいところに気が付いたね。

今、尊ちゃんが指摘したことは、戦争のような非常事態に、国家としてどのような体制で対応するかという問題を棚上げしたまま、非常時を平時の延長線上の解釈で対応しようとするから起こる疑問だと思うよ。

例えば、「フリー百科事典（ウィキペディア）」に、「国家緊急権」という用語が説明されているんだけど、この用語は、戦争のような非常事態に、政府（国家）が、憲法秩序を一時停止して、一部の機関に大幅な権限を与えたり、人権保護規定を停止する等の非常措置を採って対応する権限を意味して、非常事態を乗り切る方法として、歴史的に用いられていると紹介されていてね、現在でも多くの国で、形態は様々だけど使われているんだよ。

前置きが長くなったけど、武力攻撃事態法は、今説明した国家緊急権のような非常事態の国の特別な対応の概念がキチンと議論されないまま、平時の延長線上の解釈で律しようとするから釈然としないんだと思うよ。

戦争のような国家の非常事態ということは、その対応如何では国家、あるいは国土の喪失に繋がる大問題なので、そういう事態に国家としてどのように対応するかということについては、全国民が真摯な態度で向き合い、国を挙げて議論し、覚悟を持って結論を出さなければならないことだと思うんだよ。

そして、議論に当たっては、まず、国家緊急権のような権限を認めるのか否か、認めるなら、行使の開始条件や終了規定、権限の具体的な内容、強制力の内容、国民等に対する賠償等々について必要なことは全て明らかにして、キチンと法制化しなければならないと思うよ。

また、認めないとするなら、単に感情的に嫌だから認めないというのではなく、「どうすべきだ」という責任のある代替案を示して結論を出さなければならないと思うんだよ。

そして、結論を出す段階では、恐らく、意見が相当分かれると思うので、この問題を明確な争点とした選挙、あるいは国民投票で決すべきだと思うな。有事法制の問題は、三矢研究以来タブー視され続け、安全保障環境の変化とともに徐々に研究から立法化されるようになってきたんだけど、国の非常事態に際してどのように対応するかということについての国民的な議論は一度もなかったので、そろそろ本気で議論しなければならない時期に来たんじゃないかと思うよ。

航　非常事態に国としてどのように対応するかということは、国の安全保障の最も基本的な問題なので、具体的に、例えば平和な時に保障されている国民の権利の制約等、必要なことは全て明らかにして、国を挙げて議論して、最後は、この問題を明確な争点とした選挙、あるいは国民投票で国民が納得する形で決めないとダメなんだね。

爺　そうだと思うよ。

この有事法制の本質に関わる非常事態における国家の非常措置の問題は、国の安全保障上最も基本的で、最も重要な問題なんだけど、国民の合意形成を得るということについては、最も難しい問題だと思っていたんだよ。

航　おじいちゃんが最も難しいって思うのは、権利の制約とか、いろいろ我慢しなければならないことが出てくるから？

爺　それもあるね。

それも含めて、非常事態における国家の非常措置の権限を認めるということは、結果的に、戦争を肯定して、それに協力することになると捉えられてしまうという考え方もあって、国民的合意を得るまでの道のりはかなり険しいと思うんだよ。

戦後の流れは、一貫して、戦争反対、平和憲法の維持だったからね。

だからこそ、余計、解釈で済ませるようなあやふやな形で解決したらいけないと思うんだよ。戦争が好きだという人は一人もいないし、みんなが平和を望んでいるんだけど、非常事態は、我々の願いとは関係なくやってくることがあるということをよくよく理解して、そういう事態になったらどのように対応するかということをしっかり議論して、国民の合意のとれた対応策を準備しておかなければならないと思うんだよ。

航　そうか。

爺　これまで、おじいちゃんが自衛隊に入ってから定年退職するまでに、防衛政策（自衛隊）の敷居、あるいは歯止めになっていたものが、徐々に低くなっていった様子について説明したけど、解ったかい？

爽　うん。解ったよ。

防衛政策（自衛隊）の敷居や歯止めになっていたものが、国を挙げての議論なしに、徐々に低くなっていって亡くなってしまうことが問題だというんでしょ？

おじいちゃんは、敷居をとりあえず元に戻すために国民的な議論をすべきだと考えているの？

爺　それは違うよ。

そういうふうに考えて、国民的な議論をすべきだと言ってるんじゃないよ。政治主導といいながら、ここまで進めてきた有事法制の立法化措置を含む各種施策は、既に、それぞれが機能しているので、現状を維持して、まず、我が国の防衛に関して根本的なところから議論して欲しいと思っているんだよ。

そして、議論を通して、国民全体の意見が集約された段階で、集約された国民の意見と現状に開きが生じた場合の変更の要否については、その時、国民に判断してもらってその判断に従えばいいと思っているよ。

間違わないでもらいたいので、くどくなるけど、現状を変更する目的で議論するのではなく、国家として如何にあるべきかという国民の考え方（多数意見）を明らかにするために議論すべきだと考えているんだよ。国民の考え方が現状と違った場合の対応は、その次の問題なんだよ。国民の多数意見が現状を支持する結果になる可能性だってあるからね。

爽　うん。よく解ったよ。

爺　もう少し付け加えるとね。

このような安全保障の問題は、一度決めたら、軽々に変えない方がいいんだよ。

例えば、２０１５年に、集団的自衛権を認める安全保障関連法が立法化された後に、民主党は政権を取ったら廃案にすると公言していたけど、これは、まさに、立法化の過程で、国民的な議論がなされずに、国民が関わっていなかったから言えることで、もし、国民的な議論がなされて、この問題を争点、あるいは公約にした選挙で、国民の支持が得られたものだったら、政権を取って廃案にするなどと到底言えないはずだからね。

航　国民的な議論がなされていないということもあるけど、民主党が廃案にすると公言したのは、憲法違反にあたると考えていたからじゃないの？

爺　確かに国会審議の過程で、憲法学者の人達が、そういう見解を示して話題になったね。

この点に関しても、おじいちゃんは一言あるんだよ。いろいろな考え方のある問題を全てまとめて一緒に議論しようとすると、堂々巡りになって、結論を出すことが難しくなるんだよ。

だから、論点ごとに、段階を追って考えていかなければならないんだよ。

航　どういうこと？

爺　そもそも、憲法は国家、国民のために存在するものなので、国民の多数が望むなら変えても問題ないんだよ。安全保障の問題は、議論の過程で違憲論を持ち出すとそれ以上議論は進まなくなってしまうんだよ。

大切なことは、集団的自衛権を認める安全保障法が、我が国の安全保障にとって必要か否かということで、この点をシッカリ議論しなければならないんだよ。

そして、議論の結果必要であるとなったら、次の段階で、集団的自衛権を認める安全保障法を合憲とする憲法に改正するか否かを議論すればいいんだよ。

そして、最終的には、国民投票等で国民に判断を仰ぐべきだと思うよ。

航　そうか。そうやって、一つ一つ論点を整理してどうすべきかを議論して決めていけば堂々巡りにならないね。

もう一つあるんだけど。２００５年に、郵政民営化を争点とした第４４回衆院議員総選挙で、当時の与党が圧勝したのに、確か、その２年後に、どこかの党が郵政民営化法案の実施を凍結する法案を出したような記憶があるんだけど。

爺　そんなこともあったね。

おじいちゃんの個人的な意見だけど、主権者である国民が下した判断を政治家が覆すということは、明らかに誤りで、民主主義を否定する行為だと思うよ。
政治家は国民の代表で、国民の支配者じゃないからね。

尊　そうだよね。
国民は、こういう政治家の動きをチャンと監視しないといけないよね。
ところで、安全保障や国の基本方針に係わることは、何で軽々に変えない方がいいの？

爺　例えば、防衛力整備の場合だけどね。
日本の安全保障政策や防衛力の規模を定めた防衛計画の大綱に基づいて、中期防衛力整備計画という政府の５ヶ年計画で、逐次防衛力を整備していくんだけど、政府が変わるたびに国の安全保障政策が変わったのでは、いつまでたっても、その時々の政府が策定した安全保障政策に適う防衛力が整備できなくて、有事に役立つ自衛隊はできあがらないだろうね。
そして、集団的自衛権に関しても、政府が変わるたびに、行使できたり、できなかったりしたら、同盟国であるアメリカの信頼を失って安全保障政策に重大な支障を来すことになりかねないんだよ。
アメリカの問題だけじゃないよ。政権交代のたびに約束が反故になったら、諸外国は日本と条約を結ぼうとしなくなるだろうし、条約ばかりでなく外国企業から契約も敬遠されるようになって経済活動等にも大きな打撃を与えることになるだろうね。

尊　安全保障や国の基本方針は、どういう場合に見直したり、変えたりするの？

爺　例えば、東西冷戦が崩壊した時のような安全保障環境が大きく変わった時だよ。

東西冷戦が崩壊した時も、その後の安全保障環境に対応できるように防衛計画の大綱を見直して、中期防衛力整備計画も、その見直した防衛計画の大綱に基づいて修正して冷戦後の安全保障環境に対応できるような防衛力整備に切り替えていったんだよ。

航　おじいちゃんが心配していることがよく解ってきたよ。

日本の安全保障について、政治家の人達が議論していることと、一般の国民が了解していることに、すごく隔たりがあるというか、一般の国民は、政治家の人達の議論について行ってないような気がしてきた。

僕も一国民として、我が国の安全保障政策に真剣に関与していかなければならないと思い出したよ。

爺　そんな風に感じてくれるとほんとに嬉しいし、心強いよ。それじゃ、これから、次の章で、自分なりの防衛に関する考え方を持つ方法について、一つの例を説明するね。

コラム⑤ 能登半島沖不審船事件

能登半島沖不審船事件は1999年（平成11）3月23日に発生した北朝鮮の不審船による日本領海侵犯事件と、その逃走時に発生した、海上保安庁巡視船による威嚇射撃、自衛隊初の海上警備活動の実施である。海上警備活動とは、海のスクランブルであり、海上において人命や財産の保護、治安維持のため、相手に進路変更を求めたり、停船を命じたり、警告射撃をすることである。

1999年3月22日15時に海上自衛隊舞鶴基地から、ヘリ搭載型護衛艦DDH141「はるな」、ミサイルイージス護衛艦DDG175「みょうこう」、護衛艦DE229「あぶくま」が緊急出港した。日本海の能登半島沖で不審な電波発信が続けられていたからである。

海上自衛隊八戸航空基地所属のＰ－３Ｃ対潜哨戒機が3月

23日6時42分に、佐渡島西方18キロの領海内で「第一大西丸」と書かれた船を発見した。さらに能登半島東方64キロで「第二大和丸」を発見した。これらの船を訊ねたところ、第一大西丸は廃船、第二大和丸は兵庫沖で操業中であった。そこで海上自衛隊による追跡が始まった。「第一大西丸」を「はるな」が、「第二大和丸」を「みょうこう」が追跡することとなった。

しかし、この時点では主役は海上保安庁であった。海上自衛官は支援的役割を担っていた。海上保安庁は巡視船艇15隻、航空機12機を派遣し、追跡は夜となったが、不審船は停止しなかった。18時10分には首相官邸別館にある危機管理センターに官邸対策室が設置された。19時には24ノットに増速、さらに19時30分には28ノットとなったため、巡視船艇は引き離されることを危惧し、運輸大臣が第九管区海上保安本部（新潟）に威嚇射撃を命じた。

20時頃より巡視船「ちくぜん」が20ミリ機関砲で「第二大和丸」に対し50発発射、巡視艇「はまゆき」も13ミリ機関銃で195発の発射を行った。また、「第一大西丸」に対しても巡視艇「なおづき」が64式小銃で1,050発威嚇射撃を行った。しかし、不審船はさらに35ノットに増速したため、巡視船は追跡を断念した。

そこで、官邸対策室では、海上警備行動の発令が検討された。23時47分、不審船「第一大西丸」が停止した。巡視船を振り切ったためか、護衛艦とも距離が開いたためか分からないが停止した。DDH「はるな」と「第一大西丸」との距離も接近してきた。そこで自衛隊法82条に基づく海上警備行動が発令された。「はるな」が「第一大西丸」に対し5インチ砲を12回22発（5インチ砲を2基搭載）、「みょうこう」が「第二大和丸」

に対し5インチ砲を13回13発の発射を行った。また、P－3Cからも150キロ対潜弾12発が投下された。

この事件では、不審船が停止した際、臨検を行うこととなったが、当時、日本ではその準備がなされておらず、防弾チョッキさえも無かった。幸い、不審船は停止せず、「第二大和丸」は3時20分に、「第一大西丸」は6時6分に防空識別圏を越えたため、追跡は終了した。2隻は北朝鮮（朝鮮民主主義人民共和国）の港に帰港した。

参考図書／瀧野隆浩著「自衛隊指揮官」（講談社）
伊藤祐靖著「国のために死ねるか」（文春新書）
参考：Ｗｉｋｉｐｅｄｉａ

コラム⑥ インド洋補給艦・護衛艦派遣

自衛隊インド洋派遣は、2011年9月11日に発生したアメリカ同時多発テロ事件と、それに対処すべく発生したアフガニスタン戦争により、2001年（平成13）11月から2010年1月15日まで実施されていた海上自衛隊の補給艦と護衛艦の派遣を言う。派遣の根拠となった法律は、テロ対策特別措置法である。

第1陣として11月9日に補給艦「はまな」、DDH「くらま」、DD「きりさめ」が出港、さらに11月25日に補給艦「とわだ」、DD「さわぎり」、掃海母艦「うらが」が出港した。

海上自衛隊の補給艦は、北インド洋で「不朽の自由作戦」の海上阻止行動を行っているアメリカ海軍艦船などに対して、給油活動を行った。当初は2年間の時限立法であったが、数度延

長された。テロ特措法は 2007 年 11 月 1 日に期限を迎え、2 日には撤退が始まった。

2007 年以降は、旧法に代わり 2008 年 1 月に成立した新テロ特措法に基づき再開されている。そして 2010 年 1 月 15 日に新テロ特措法の期限切れに伴い給油活動は終了している。

補給は 11 カ国の多国籍軍艦艇に対し実施された。

参考：Ｗｉｋｉｐｅｄｉａ

コラム⑦ 自衛隊のイラク派遣

イラク戦争初期の 2003 年（平成 15）12 月から実施された。イラク特措法に基づくもので、陸上自衛隊は比較的民心が安定しているとされたイラク南部のサマーワ市の宿営地を活動拠点に展開した。2006 年（平成 18）7 月に撤収した。航空自衛隊は陸自の撤収後も輸送飛行を継続していたが、2008 年 12 月に終了した。

陸自の派遣部隊は、主としてイラク復興業務支援隊とイラク復興支援群とで構成された。復興業務支援隊は各期任務は約 6 カ月間で隊長は 1 等陸佐。各部隊は 100 名前後であった。5 次隊まで派遣された。

復興支援群は約 3 カ月で隊長は 1 等陸佐。各部隊は 500 名前後であった。10 次隊まで派遣された。

サマーワでの主な活動内容は、給水、医療支援、学校・道路の補修であった。

参考図書／金子貴一著「報道できなかった自衛隊イラク従軍記」（学研）
参考：Ｗｉｋｉｐｅｄｉａ

第３章　自分なりの防衛に関する考え方の持ち方

１　自分なりの考え方を整理するアプローチの一例

爺　これまで、航ちゃん達に自分自身でよく考えて、自分なりの防衛に関する考え方を持って欲しいと言ってきたよね。それは、友達を始め、周りの人たちと沢山議論して欲しいからなんだよ。

そうすれば、議論の輪が広がって、国民的な議論へと発展していく可能性があるからね。

航　そうか。おじいちゃんが防衛に関して国民的な議論を願っても、国民の一人ひとりが自分なりの考え方を持っていないと議論には繋がらないよね。

爺　そうなんだよ。だから、まず、国民一人ひとりに自分なりの考え方を持って議論をしてもらいたくて、おじいちゃんが問題だと感じていたことを前章で訴えたんだよ。

航　危機感を共有してもらうため？

爺　そうだね。危機感を共有してくれる人が一人でも増えれば、議論の輪が広がっていくと思うからね。

航　防衛に関する自分なりの考え方って、どうすれば持てるの？

爺　こうしなきゃいけないというものはないよ。

どんなやり方でもいろいろ考えていけば自分なりの防衛論にたどり着くんだけど、おじいちゃんが効率が良さそうだと思う１つの方法について説明するね。

ちょっと、図を見てごらん。これは自分なりの考え方を整理するアプローチの一例だよ。

自分なりの考え方を整理するアプローチの一例

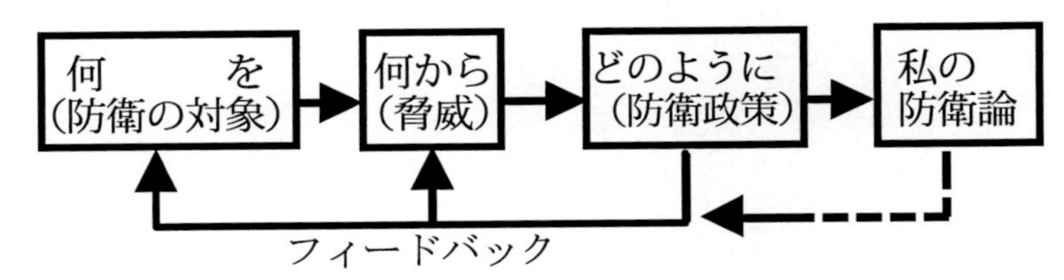

まず、守るべきだと思う対象をリストアップして、次に、守る対象の脅威になると思うものを明らかにしてね、最後に、守る対象を脅威からどのように守るかを考えて具体化するんだ。

そうすることで、何を、何から、どのように守るという一つの考え方が見えてくるので、次は、この見えてきた考え方について、思考上の欠落はないか、論理矛盾はないか、現実的な対応上の問題はないか（実行の可能性はあるのか）等々の面からチェックして、要すれば、フィードバックして考え直していくうちに、私の防衛論として、自分なりの考え方に整理することができるよ。

航　ふうん?!

爺　じゃ、次に、何を（防衛の対象）を守るかという点に話を進めるね。

２　何を（防衛の対象）

爺　まず、『何を』なんだけど、安全保障上、国家・国民として、守る対象を何にするかということなんだよ。

例えば、おじいちゃんは、現役時代、次のように考えていたんだよ。

自衛隊法の第３条は、自衛隊の任務について規定しているんだけど、そこには、「自衛隊は、我が国の平和と独立を守り、国の安全を保つため、直接侵略及び間接侵略に対し我が国を防衛することを主たる任務とし…」と定めているので、守る対象は、国の平和と独立と、国の安全（領土、国民の安全）だと考えていたんだよ。

そして、これらを脅かす脅威にどのようなものがあるのか。

その脅威から如何にして守るか。と考えを進めていくんだよ。

航　考えるって言っても、今、おじいちゃんが言った「国の平和と独立と、国の安全（領土、国民の安全）」ってことになるんじゃないの？

爺　そんなに単純な話ではないと思うよ。

前にも少し例を挙げて話したけど、守らなければならないものは、国民の生命だけで他には何もないと考える人もいると思うよ。

また、お爺ちゃんが言ったように国の平和と独立と国の安全を守らなければならないと考える人、あるいは歴史や文化、伝統を守らなければならないと考える人まで、様々な考え方の人達がいると思うし、いろいろな"考え方"があるはずだよ。

航　そうか。ほんとに単純じゃないね。守るべきものは何かという自分の考えを持つんでしょ？

国民の生命、財産、国の平和、独立、歴史、文化、伝統…って考えていったら、考えつくもの全部が大切なような気がしてくる…。

どんなふうに考えたら整理ができるんだろう？

爺　航ちゃんの価値観や国家観から考察していくと整理し易いかもしれないね。

例えば、航ちゃんが、日本の国は外国の支配を受けずに独立国家であるべきだ。あるいは独立しているだけでなく国際社会でリーダーとして活躍する国家であるべきだ。というような、航ちゃんが求める国の状態（国家観）が将来に渡って存続できるようにするために守るべきものはなにかという視点で、考えを進めていくと整理できると思うよ。

航　国家観なんて言われても困るよ。

爺　そうだね。まず、お爺ちゃんが例えとしてあげたように、航ちゃんが日本の国がどういう状態の国であって欲しいのかをよく考えて整理することだね。そして考えがある程度まとまったら、その状態を将来に渡って維持するために何を守らなければならないかと考えていけば、考え易いんじゃないかな？

航　ううん。ちょっと難しそうで時間がかかりそうだけど頑張ってみるよ。

コラム⑧ 九州南西海域工作船事件

1999 年 3 月に発生した能登半島沖不審船事件に続いての事件。2001 年（平成 13）12 月に発生した。能登半島沖では警告射撃、九州南西海域では銃撃戦を行っている。この両事件以降、2002 年 9 月に発生した日本海中部海域不審船事件以来、主だった不審船事件は発生していない。

事件は 12 月 18 日アメリカ軍から情報があり、それを受け取った防衛庁（当時）が海上保安庁へ伝達した。防衛庁は各通信所に北朝鮮（朝鮮民主主義人民共和国）に関する無線の傍受を指示、12 月 19 日喜界島通信所が不審な通信電波を捕捉した。そこで海上自衛隊機は同島周辺海域を哨戒した。

12 月 21 日 16 時 32 分に鹿屋所属Ｐ－３Ｃ哨戒機が東シナ海の九州南西海域において「長漁３７０５」と記された不審な船を発見した。Ｐ－３Ｃの写真分析により、北朝鮮の工作船の可能性が高いと判断され、海上保安庁はその追尾を行うこととなった。この工作船は発見以降、中国方面に向かって西へ逃走していた。翌 22 日 01 時 30 分逃走中の同船を自衛隊機が確認。

06 時 20 分海上保安庁航空機が奄美大島から約 240 キロの海上で同船を確認、追尾を開始した。

12 時 48 分に工作船に追いついた巡視船「いなさ」は、漁業法励行として、船尾に国旗を掲揚していない不審船に対し、停止を求めたが、ジグザク航行するなどして逃走を続けた。そこで漁業法違反が成立したため、警告射撃を行うとした。そこで 14 時 36 分から 20mm 機関銃で威嚇射撃を行った。

不審船はなおも逃走したため、16 時 13 分から「いなさ」が「船体射撃をする」との警告の後船体射撃を行った。さらに 16 時 58 分「みずき」が船体射撃を行った。17 時 24 分船首の燃料に命中したため、出火し、不審船船員は消火につとめた。17 時 53 分再び逃走を開始、以降、停船、逃走を繰り返す。18 時 52 分「きりしま」が接舷を試みる。21 時 35 分「みずき」が船体射撃を開始、同船は停止、21 時 37 分逃走再開。

22 時 00 分、低速で逃走する不審船に対し、「いなさ」が距離を取って監視し、「あまみ」と「きりしま」が不審船を挟撃、強行接舷を開始するや、不審船の船員がロケット弾発射や対空機関銃、軽機関銃で反撃をしてきた。「あまみ」「きりしま」「いなさ」が被弾､海上保安官３名が負傷した。そのため､「あまみ」「いなさ」が正当防衛射撃を行った。

22時13分､自爆用爆発物と思われる爆発を起こし､沈没した。

この事件では､海上自衛隊はDDG「こんごう」､DD「やまぎり」を派遣している。その後、この工作船は、沈没海域が中国の排他経済水域であるため、中国と協議を行った上で引き揚げられた。

参考：Ｗｉｋｉｐｅｄｉａ

コラム⑨ アデン湾ソマリア沖海賊対策派遣

2008年頃からアデン湾ソマリア沖で現地の小型高速スキフ（海賊船）による海賊行為が活発化していた。そこで、中東任務であったＮＡＴＯなどの艦船が当地に出向き、取り締まりを行っていた。そのような中、日本のタンカー「高山丸」が2008年4月21日、イエメン沖アデン湾で、小型海賊船からロケット弾による攻撃がなされ、船体に被弾した。近くでパトロールしていたドイツ海軍のフリゲート「エムデン」が支援に駆けつけ、海賊によるハイジャックを逃れた。当時、日本はインド洋派遣を行っており､護衛艦と補給艦が派遣されていたが､その法律的根拠はテロ対策なため、海賊対策には適用されず､新対策が必要となった。

国連は海賊活動活発化に対処し、2008年6月2日に安全保障理事会決議1816が採択され、続けて関連決議が矢継ぎ早に採択された。これらの決議を踏まえ、海上自衛隊は2009年3

月 14 日護衛艦「さざなみ」「さみだれ」が第１次部隊として派遣された。この海賊対策には、ＥＵ艦隊、ＮＡＴＯ艦隊、ＣＴＦ１５１艦隊と言う多国籍艦隊の他、ロシア海軍、中国海軍、インド海軍が単独で参加している。韓国海軍は当初からＣＴＦ１５１艦隊に属している。

広域哨戒がこの海賊対策には必須事項であり、多国籍部隊からも以前から要請されていたため、2009 年 5 月にＰ－３Ｃ２機を派遣した。また、Ｐ－３Ｃを発着するジブチ基地警備には陸上自衛隊が派遣され、また、物資と人員輸送に航空自衛隊が担当している。

さらに海賊対策では、海賊逮捕などに対処するべく、海上保安官が乗艦している。

日本は当初、単独派遣であったが、2013 年 12 月から２隻の護衛艦の内、１隻がＣＴＦ１５１艦隊にも派遣するようになった。このＣＴＦ１５１艦隊では、2015 年 5 月、2017 年 3 月艦隊司令官に就任している。多国籍艦隊司令官就任は戦後初である。

法律的根拠としては、国連安保理決議を踏まえ、当初、海上警備活動発令によるものであったが、2009 年 6 月には「海賊行為の処罰及び海賊行為への対処に関する法律（海賊対処法）」施行後、海賊対処法に基づき実施している。

海賊行為は、世界的取り組みにより、2012 年より激減しているが、未だ攻撃活動は時々発生している。海賊被害の減少から 2017 年 11 月出港の第 26 次部隊（ＣＴＦ 151 艦隊所属）から１隻派遣となっている。現在第 28 次部隊が８月に出港。

参考：Ｗｉｋｉｐｅｄｉａ

３　何から（脅威）

爺　じゃ、次に、『何から』という「脅威」について話を進めることにしようか。

尊　うん。おじいちゃん！「脅威」についてなんだけど、東西冷戦後の安全保障環境では、世界規模の武力紛争はなくなったんでしょ？　日本周辺の脅威は、北朝鮮の弾道ミサイルと核開発ぐらい？

爺　そう願いたいんだけどね。

北朝鮮以外にも注意しておかなければならない脅威はあると思うよ。

その一つは、極東ロシア軍の存在だよ。ロシアは、安全保障上、必要があれば、他国の領土を占領したり併合してしまう性格を持った国なので、常に注意を払っておく必要があるよ。

最近の実例として次のようなことがあったよ。

２０１４年に、ウクライナという国で親ロシア派の政権が崩壊した時に、ロシアは、クリミア半島のロシア系住民を保護するという名目で、クリミア自治共和国とセバストポリ特別市があるクリミア半島に軍事侵攻したんだよ。

そして、クリミア自治共和国とセバストポリ特別市のロシア系住民は、ウクライナからの独立とロシアへの編入を問う住民投票を実施して、その結果を根拠に、クリミア共和国として独立を宣言してね、ロシアはそのクリミア共和国の独立を承認した上で、クリミア共和国のロシアへの編入要請を受け入れるという形でクリミア半島を併合してしまったんだ。

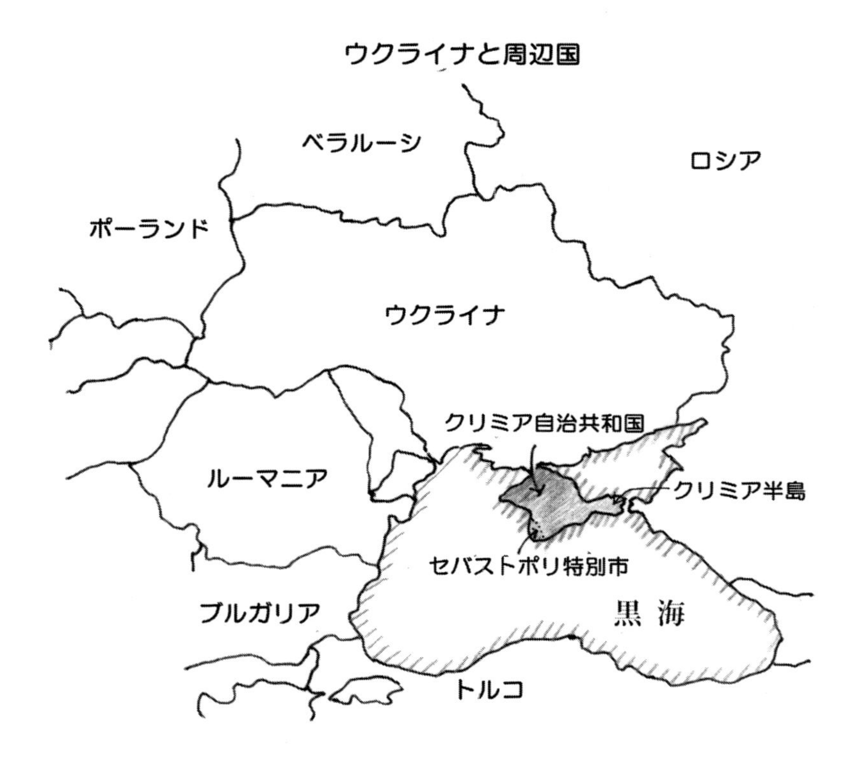

爽　クリミア自治共和国とセバストポリ特別市って、ウクライナの一部なの？

爺　そうだよ。ウクライナの地図を見てごらん。

自治共和国というと一つの国のように感じるかもしれないけどウクライナという国家の一部だよ。

ウクライナは、２４の州と、２つの特別市と、クリミア自治共和国から構成されているんだよ。

琉　クリミア自治共和国は、住民投票だけでウクライナから独立できるの？　国の承認とか必要ないの？

爺　クリミア自治共和国は、ウクライナの一部なのでウクライナの国内法に従うべきで、住民投票だけでは問題があると思うよ。

更に、ロシア軍の占領下で行われた住民投票なので、投票内容や投票結果自体にも大いに問題が有ると思うね。

だから、西欧諸国は、ロシアの行動は国際法違反の侵略で、クリミア自治共和国のウクライナからの独立とロシアへの編入は無効だとして、ロシアに対して経済制裁等をしているんだよ。

悠　こんなことをすれば、世界中の非難を浴びるのは解ってると思うんだけど、非難を浴びてまで軍事侵攻して手に入れたクリミア半島って、ロシアにとってそんなに大切なの？

爺　大切だと判断したから軍事侵攻したんだと思うよ。
　ロシアは、クリミア半島に軍事侵攻を決断する前に、いろいろな分析や検討をしたはずだよ。

爽　いろいろな分析や検討って？

爺　例えば、ウクライナが国連に提訴して、それに応える形で、西欧諸国やアメリカが結束してロシアからクリミア半島を奪回する動きに出て、ＮＡＴＯやアメリカとの戦争になる最悪のケースから、各種の制裁措置を受けるケースまで、西欧諸国等の様々な対応を分析・検討したと思うよ。だから、併合のやり方も、非難をできるだけかわそうと、住民投票で、まず国家として独立させた後、独立国家の併合要請に応える形で併合するという方法を採ったんだと思うよ。

琉　戦争まで想定して軍事侵攻したクリミア半島って、ロシアにとってどういう大切さがあるの？

爺　それは、この判断を下した大統領や政府に聞いてみないと正確なことは解らないけど、ロシアにとってのクリミア半島の一般的な価値を考えればある程度の想像はできると思うよ。

悠　ロシアにとってのクリミア半島の価値って？

爺　セバストポリ特別市には、ロシアが２０２５年までウクライナから租借して、ロシア黒海艦隊が使用している軍港があるんだよ。

ロシアにとっては、帝政ロシア以来、歴史的に重要な軍港で、ヨーロッパ正面では、地中海から大西洋に進出するための数少ない有力な不凍港なんだよ。

尊　何で、他国のウクライナにそんなに大切な軍港があるの？

爺　東西冷戦の時代は、ロシアもウクライナもソ連という一つの国だったので、セバストポリ軍港はソ連の黒海艦隊の母港ということで、問題なかったんだけど、冷戦の終結とともに、ソ連を構成していたロシアやウクライナを始めとする各共和国が独立したために、黒海艦隊の帰属と軍港の使用権がロシアとウクライナの間で問題になってね、長い間協議を重ねて、最終的に、艦隊は分割して、軍港はロシアが租借するという協定を結ぶことになったんだよ。

その後、大型艦艇は、経済的な取引からロシア船籍になったようなので、黒海艦隊の主力はロシアが受け継いだようなものかな。

尊　セバストポリは、ロシアにとってすごく価値のある軍港ということなんでしょ？　租借では満足できなくて、自分の国のものにするために軍事侵攻したということ？

爺　ロシアに「どうですか？」って質問しても、「はい、そうです。」とは言わないだろうね。

ここで、航ちゃんに、この事象からどうしても理解して欲しいことがあるんだ。

それはね、安全保障や国益上、必要だとなったら他国の領土でも軍事進攻して強引に手に入れるということが普通に起こるということなんだよ。

そして、これが国際政治の現実の姿なんだよ。

更に、このケースで忘れてはいけないことが、これを実行したのは、国連の常任理事国の一つのロシアだということなんだ。

航　そうか。でも、これは、ヨーロッパで起きたことで、極東ではこういうタイプの脅威はないでしょ？

爺　それがね、２０１５年版防衛白書によれば、ロシア軍は、削減どころか軍の近代化を継続している他、極東地域では、大規模な演習が行われたり活発な活動をしているみたいだよ。
　東西冷戦時に、日本は極東地域における西側諸国の防波堤のような存在だったという話を覚えているかい？

航　勿論覚えているよ。
　日本は、何てツイテない場所にあるんだろうって思ったよ。

爺　日本の安全保障上の“ツイテない場所”という問題は、将来に渡って付きまとうんだよ。

尊　ええ!?　どういうこと？

爺　それはね。
　東西冷戦が終結しても、なお、米ロはお互いに脅威になり得る存在なので、ロシアにとっての最大の脅威はアメリカなんだよ。
　ロシアにとってみれば、日本は、東西冷戦時は西側諸国の防波堤だったのが、現在はアメリカの防波堤に変わっただけで、本質的な防波堤という位置づけは変わっていないんだよ。

航　日本は、日米安全保障条約を結んでいるから、アメリカの防波堤になっちゃうってこと？

爺　そうだね。

尊　じゃ、日米安全保障条約を止めれば、日本はアメリカの防波堤にならなくて済むんじゃない？

爺　そんなに単純な話ではないんだよ。

航　どういうこと？

爺　それじゃ、そこら辺のことを理解し易いように、アメリカとロシアにとっての日本の一般的な価値について簡単に説明するね。

航　うん。

爺　太平洋を挟んでアメリカと極東ロシアが描かれている地図を見てごらん。

　ロシアと日本は、日本海を挟んで向かい合ってるでしょ？

航　うん。

爺　現在、日本はアメリカと日米安全保障条約を結んで同盟関係にあるから、ロシアは日米の同盟国と日本海を挟んで対峙することになるんだけど、この時のロシアとアメリカの軍事的な態勢について観察してみると、ロシアは、日本列島が障害となって、軍事力、特に海空軍力を自由に太平洋に進出させることができない状態なのに対して、アメリカは、日本の支援の下に、海空軍の軍事力を日本海に進出させることができるんだよ。更に、ロシアにとって、有力な軍港は、日本海に面して所在するウラジオスト

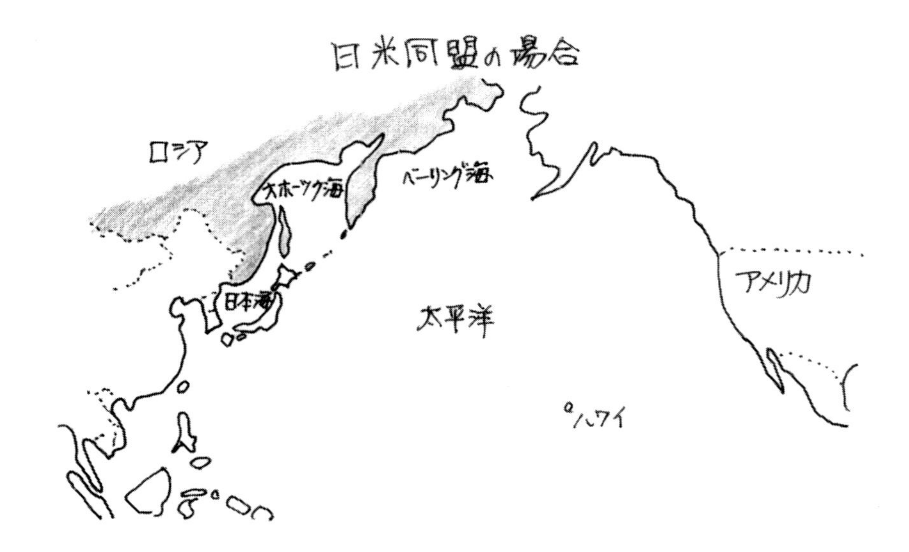

ク港しかないのに対して、アメリカは、横須賀港や佐世保港が使える他、日本の支援を受けることができるため、太平洋正面の軍事的な態勢はアメリカが優位にあると考えていいと思うよ。

次に、もし、日本がロシアに占領されるか、ロシアと同盟を結んだ場合は、ロシアとアメリカは、太平洋で対峙することになるんだけど、この時のロシアとアメリカの軍事的な態勢は、さっきと大分違った景色になるよ。

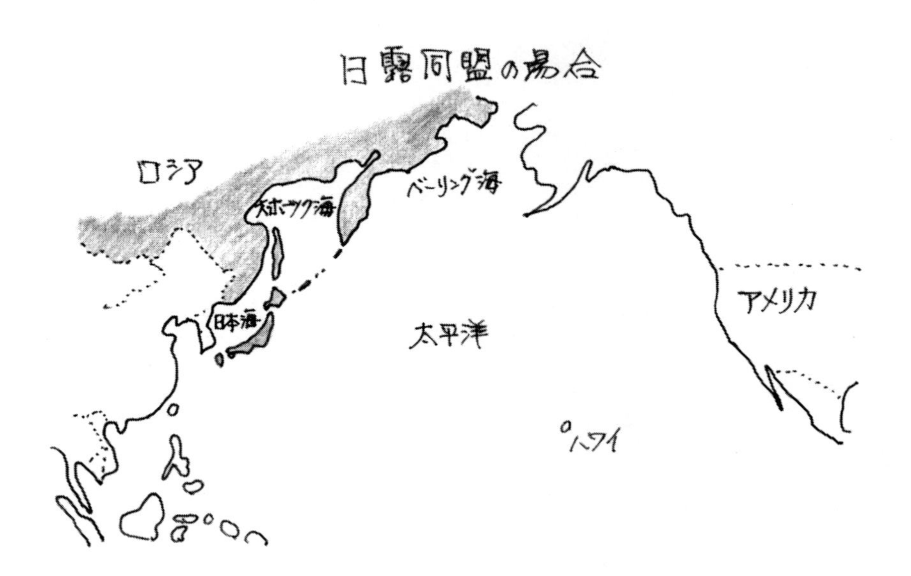

この場合のロシアは、日本海とオホーツク海を聖域化して、日本の施政下にある港や空港が使えるようになって、アメリカとほぼ互角の態勢になれると考えていいんじゃないかな。

航　日本海とオホーツク海を聖域化するって、どういうこと？

爺　ロシアの海空軍が、日本海とオホーツク海で安全かつ自由に行動できるようになるっていうことだよ。

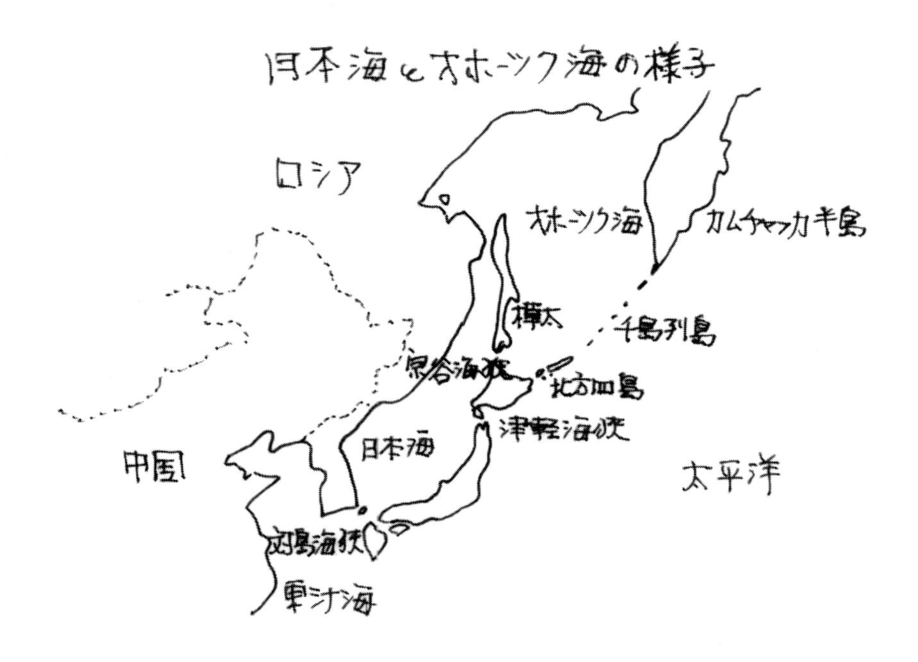

航　どうして、安全かつ自由に行動できるようになるの？

爺　地図で日本海とオホーツク海の様子を見てごらん。
日本海は、朝鮮半島と、日本列島と、樺太に囲まれた海で、入り口は宗谷、津軽、そして、対馬の３つの海峡しかないでしょ。
日本がこの３つの海峡をロシアと協力して封鎖したら、ロシアと対立する国の軍艦や航空機は日本海に安全に入れなくなる反面、ロシア海空軍は安全かつ自由に行動できるようになるんだよ。
そして、オホーツク海も、北海道と、カムチャッカ半島と、千島列島に囲まれた海でなので、日本海と同じ理由で、ロシアの海空軍はここで安全かつ自由に行動できるようになるということだよ。解った？

航　うん。

爺　もし、日本がロシアともアメリカとも同盟を結ばない場合は、どうなると思う？

航　どちらとも同盟を結ばずに、スイスみたいに中立を宣言すれば、どちらの国の防波堤にもならなくて済むんじゃないの。

爺　国際政治の現実の姿として説明した「クリミア半

島の併合」の話を忘れたかい？

ロシアにとって、安全保障上、日本を支配下に置く場合と、置かない場合とでは、今、説明したとおり大変な違いがあるんだよ。

ロシアにとって、日本を支配下に置くということは、クリミア半島のようにかなり価値があることだと思うよ。

尊　ロシアにとって、日本を支配下に置くことが、そんなに価値があるなら、何で、東西冷戦の時に日本に軍事侵攻しなかったの？

爺　それは、当時のソ連の書記長か、政府に確認しないと正確なところは解らないけど、ただ、もし、当時、ソ連が日本に対する軍事侵攻を考えたとしたら、同盟関係にあるアメリカとの戦争も覚悟しなければならなかっただろうから、日本への軍事侵攻に伴う功罪を分析・検討して、実行しなかったんじゃないかと思うよ。

尊　そうか。それじゃ、もし、今、アメリカともロシアとも同盟を結ばないで孤立状態だったら、ロシアに占領される可能性もあるっていうこと？

爺　そうだね。その可能性はあると考えた方が良さそうだね。

尊　ええ !!　それじゃ、東西冷戦や、日米同盟に関係なく、アメリカとロシアが互いに脅威の対象に成り得る限り、日本の安全保障上の立場は、ずっと変わらないっていうことなんだ？
　日本列島って、ほんとにツイテない場所にあるんだね。

爺　そうだね。残念ながら、日本列島は簡単に中立を受け入れてもらえない場所にあるんだよ。
　だから、極東における日本の安全保障を考える場合に、ロシアも脅威の一つに成り得ると考える必要があるんだよ。前にも言ったかもしれないけど、「脅威＝敵」ではないからね。敵対関係にならないように外交等あらゆる手段を講じて友好関係を築いていかなければいけないということは解ってるよね。念のため。

航　うん。

爺　それじゃ次に、北朝鮮以外にも注意をしておかなければならない脅威の二つ目について説明するね。

尊　解った！　二つ目の脅威って、中国でしょ？

爺　そうだよ。なんで解ったの？

尊　だって、最近、テレビや新聞で、中国は南シナ海に人工島を造って、そこに、飛行場やレーダー等の軍事施設を作ってるって、盛んに報道しているよ。そして、尖閣諸島の問題もあるしね。

爺　尊ちゃんの言うとおり、南シナ海の岩礁は、フィリピン、ベトナム、台湾、中国のそれぞれの国々が領有権を主張し合っていて、どこの国に所有権があるのかはっきりしない状態なのに、中国は、２０１４年以降、強引に次々と岩礁を埋め立てて、そこに滑走路等の軍事施設を造って、アメリカを初め、特に周辺諸国に不安や警戒心を与えているよね。

また、それだけではなく、２０１５年版防衛白書によれば、２０１３年１１月に、中国政府は、尖閣諸島を含む東シナ海に「東シナ海防空識別区」を設定して、中国国防部の定める規制に従わない場合は、中国軍による「防御的緊急措置」をとるという防空識別圏の設定に関する発表をしたり、２０１３年１２月に、中国海軍艦艇が、南シナ海を航行していた米海軍艦船に接近して妨害するという事案を起こしたり、更に２０１４年８月には、中国軍の戦闘機が米軍機に対して異常接近するという事案を起こしていうというんだよ。これらの最近の中国軍の挑発的な活動について、よく注意して見ていかないといけないんだよ。

爽　ふうん。

爺　そしてね、２０１４年３月６日付日経新聞に、『米・中海洋巡りせめぎあい』という見出しで、【中国軍の対米戦略上の防衛ラインとする「第１列島線」と「第２列島線」の概念を紹介した上で、防衛ライン構築の現状について、「第１列島線」内は、ほぼ勢力圏におさめ、近年、「第２列島線」付近での活動を活発化していると説明して、最後に、周近平国家

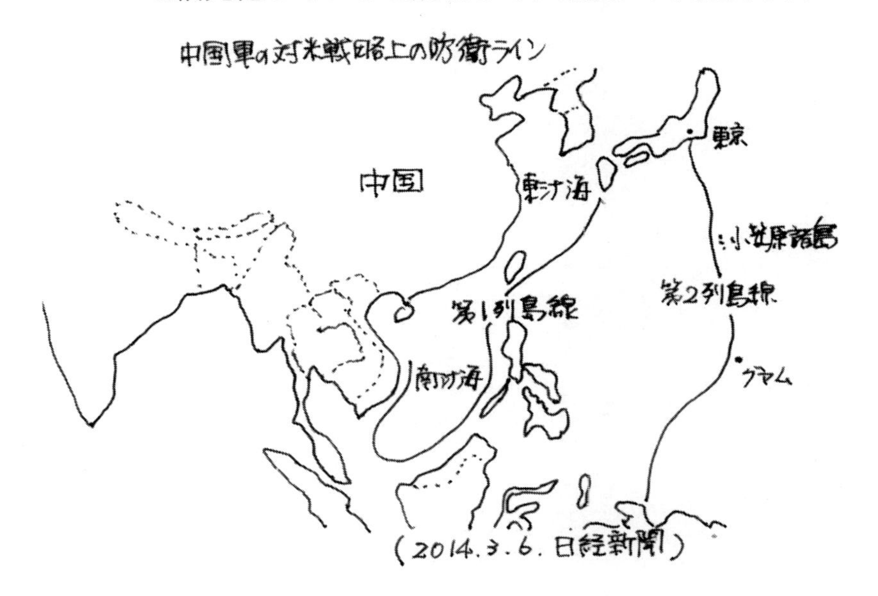

主席が、２０１３年６月の訪米時にオバマ大統領に伝えたとされる言葉から「太平洋の米・中共同管理」といった中国の野心が透ける。】と結んで、中国のアジアにおける覇権主義的な目論見を注意喚起する記事が掲載されたんだけど、おじいちゃんは、最近の中国の動向とこの記事からとても気になることがあるんだよ。

爽　え！　気になることって？

爺　東西冷戦時代の中国は、経済的に日本の足元にも及ばない発展途上国で、軍事的にも、戦車や大砲、航空機、艦船等の装備は旧式で、兵士の数に頼るという軍事力だったため、周辺国に大きな脅威を与えるような存在じゃなかったんだよ。

琉　へえ！　そうだったの？

爺　そして、当時、中国の最高指導者だった鄧小平という人が、１９７８年（昭和５３年）に、経済建設を最優先するという方針を出して、経済体制の改革を決定して、対外開放政策を始めたんだよ。

悠　対外開放政策って？

爺　簡単に言えば、中国は社会主義の国だけど、社会主義という国の体制を崩さずに、国内の限定した場所に、資本主義国の資本や技術を誘致して、経済を発展させようとする政策だよ。

別の言い方をすれば、地域を限って特別な場所を設けて、そこに資本主義経済を持ち込むという政策だよ。

悠　ふうん。

爺　鄧小平という人は、更に、１９８２年（昭和５７年）に、軍の近代化を指示するんだけど、それについて、ウィキペディアによるとね、中国軍は、その指示に従って、覇権国家への成長を目標とする次のような海軍建設計画を作成するということなんだよ。

【海軍建設計画】

１９８２年～２０００年	中国沿岸海域の防備体制の強化
２０００年～２０１０年	第１列島線内部（近海）の制海権の確保
２０１０年～２０２０年	第２列島線内部の制海権の確保
２０２０年～２０４０年	アメリカ海軍による太平洋等の独占支配の阻止

そしてね、経済建設と海軍建設を進めるに当たって、

鄧小平という人は、中国古来の兵法にある「韜光養晦（トウコウヨウカイ）」という策を使って、国力が整わないうちは、国際社会で目立ったことはせずに、じっくり実力を蓄えるという方針を対外政策として打ち出して、専ら、経済建設と海軍建設に努めてきたんだよ。

だから、東西冷戦時代から最近まで、中国が南シナ海や東シナ海で覇権主義的な行動をとることはなかったように記憶しているよ。

それが、最近になって、南シナ海を強引に埋め立てて軍事施設を建設したり、アメリカ大統領に太平洋の米・中共同管理を申し出たり、更には、米軍に挑発的な行動をとったりと、明らかに、これまで踏襲してきた「韜光養晦」の対外政策と異なる動きをしているので、とても気になるんだよ。

この従来の方針と異なる動きは、「韜光養晦」を方針とする対外政策を継続しなくてもいいところまで、国力が整ってきたと見ることもできるからね。

爽　中国は、国力が整ったので、もう弱い振りをする必要がなくなったっていうこと？

爺　そうなんだよ。

もしそうだとすると、更に気になることがあるんだよ。

海軍建設計画では、２０００年（平成１２年）から２０１０年（平成２２年）にかけて、第１列島線内部の制海権の確保を目指すということなんだけど、第1列島線が描かれている地図を見てごらん。

第1列島線は、制海権を確保する地域を連ねる線だとしていて、具体的には、南沙諸島（南シナ海）から、台湾、尖閣諸島、沖縄諸島を経て鹿児島に至る島嶼（しましょ）を連ねる線になっているんだよ。

そして、南シナ海の岩礁を埋め立てて飛行場やレーダー等の軍事施設を造ったり、東シナ海に防空識別区を設定している一連の動きは、第1列島線内の制海権を確保するための行動と考えることができるんだよ。

中国軍がアメリカ軍を相手に、第1列島線内の制海権を確保できる可能性について白紙的に考えてみると、第1列島線内が中国沿岸部であることを考慮しても、現在の米中の海・空軍事力の差からかなり難しいと思えてね。だから、軍事力の劣勢をカバーして制海権の確保の可能性を高めるために、南シナ海で岩礁を埋め立てて軍事施設を造っていると考えられるんだよ。

また、東シナ海は、中国本土の沿岸部の海・空軍と防空識別区だけというかなり不十分な状態なので、この東シナ海の制海権を確保する可能性を高めるためには、尖閣諸島から沖縄諸島を経て鹿児島に至る島嶼（しましょ）部を支配下に治める必要性があるので、とても気になるんだよ。

琉　ええ！　尖閣諸島だけじゃなくて、沖縄諸島も狙ってるの？

爺　あくまでも、鄧小平氏の指示によって作られたとする海軍建設計画の内容をもとに考えるとこういうシナリオも考えられるということだけど、日経新聞や防衛白書の記事も併せて総合的に考えると、脅威として、十分認識しておかなければならないと思うよ。

しつこいようだけど、脅威と敵は違うからね。敵対関係にならないように国から国民までのあらゆる階層で平和を保つ努力をしていかないといけないんだよ。

悠　そうか、東西冷戦が終わって、脅威は少なくなるどころか、増えたみたいな気がするよ。もうないでしょ？

爺　前にも少し話したけど、アルカイダ等のテロ組織や､イスラム国が世界各地でテロ活動をしているよ。このテロ活動は、国の平和や国民の安全に対して脅威になると思うよ。

航　なんか、東西冷戦時より脅威の種類も数も多くなったね。

爺　そうなんだよ。航ちゃんの言うとおり、それが、東西冷戦後の安全保障環境の一つの大きな特色でもあるんだよ。だいぶ解ってきたね。

4　どのように守る（防衛政策）

爺　それじゃ、最後に、『どのように守る』という考え方について話を進めようか。

航　うん。

爺　それじゃ、守るべき対象を「戦ってでも守る」という考え方と、「戦わずに守る」という考え方があると思うんだけど、まず、「戦わずに守る」という考え方から話を進めるね。

前にも少し触れたけど、国民の生命を守ることが何よりも大切だと考える人は、外国が侵略して来るようなことがあっても、軍隊など持たずに降伏してしまえば、戦争が起こることはなく、国民の生命が危険に曝されることはないので、戦わずに守ることができるという考え方になるんだと思うけど、航ちゃんは、どう思う？

航　実は、前に「戦わずに守る」という話が出た時に、これが一番良いと思ったんだけど。

爺　どういうところが、一番良いと感じたの？

航　だって、戦争をしないで守れるというのが、何といっても一番だよ。そして、戦争をしないということは、防衛予算だって全く不要になるんだから、その分、福祉にでもなんでも使えるじゃない。

戦争の心配がなくなって、国民が豊かに暮らせる素晴らしい方法だと思うんだけど。

爺　そうか。確かに、航ちゃんの言うとおりなら、最善の方法と言えそうだね。

航　え？　何？　何か違うの？

爺　物事には、何でも利点と不利点があるんだよ。航ちゃんが言ってくれたのは、「戦わずに守る」という考え方の利点なので、不利点も併せて考えてみないとね。

航　不利点？

爺　国際政治の現実の姿についての話を覚えているかい？

航　うん。ロシアが自国の安全保障上の必要性からクリミア半島を力ずくで占領したことでしょ？

爺　そうだよ。そういうことが普通に起こることが国際政治の現実の姿なので、日本もクリミア半島のようになる可能性はいつでもあるんだよ。

具体的な脅威として、例えば、現在の中国は、対外政策としての「韜光養晦」をもはや不要とするぐらい国力が充実してきて、これを根拠に、第１列島線内の制海権の確保を進めている可能性が推測できるので、安全保障上の脅威としてシッカリ考えておかなければならないという話をしたんだけど、もし、我が国が、「戦わずに守る」という防衛政策を採ったとしたら、その時は、防衛省も、自衛隊も、日米安全保障条約もないわけだから、中国が尖閣諸島だけでなく、沖縄諸島、場合によっては鹿児島、九州の占領に乗り出してくることを覚悟しておかないといけないよ。

このようなことが仮に起こった場合、日本は戦いを避けて降伏を選ぶわけだから、中国は国際的な非難は浴びるだろうけど比較的簡単に占領できると思うよ。

航　戦わないと言っても、黙って占領されるわけじゃなくて、国際社会や国連に助けを求めて、外交努力で占領されないように頑張るんだよ。

爺　航ちゃん！　国連に助けを求めると言っても、ロシアのクリミア半島の占領を思い出してごらん。

この時、ウクライナは、ロシアの軍事占領に対して戦ってでも守るという姿勢を示したから、アメリカを初めとする西欧諸国がウクライナの支援に乗り出したんで、戦う姿勢も示さずに、ただ、「助けてください。」と訴えたぐらいでは支援の意思さえ表明してもらえないと思うよ。

考えてごらん。支援の意思を表明するということは、侵略国と敵対関係になることを覚悟しなければいけないんだよ。

侵略を受けた当事国が侵略と戦う姿勢を示さなければ、支援をしてくれる国なんか現れないよ。

ウクライナの場合は、戦ってでも守るという姿勢を示して、国際社会の支援を得ても、ロシアの軍事占領を止めることはできなかったでしょ。

国際社会や国連に訴えたり、助けを求めても、侵略や覇権的な行動をとる国がロシアや中国の場合は、解決が難しいんだよ。

中国が、これまで非難を受けながら進めてきた南シナ海の岩礁の埋め立てや、軍事施設の建設も止めることはできなかったでしょ。

そして、第１列島線内の制海権の確保がうまくいけば、次は、第２列島線内の制海権の確保で、この場合は、東京以西の日本列島が占領目標だよ。仮に、中国が、第２列島線を占領して制海権を確保したとしたら、恐らく、ロシアも黙って見ていることはなく、北海道、あるいは関東以北の占領に乗り出すことだって考えられると思うよ。

　仮定の話が膨らみ過ぎてしまったけど、利点ばかりでなく、不利点も考えなくてはいけないということなんだよ。

航　国民の生命は助かるけど、国がなくなることも覚悟しなくてはいけないということか。国が亡くなるってどういうことなんだろう？

爺　それも良く考えておかないといけないね。

　恐らく、占領された後は、内容は違っても、戦争と変わらない辛さが待っていると思うよ。

「戦わずに守る」という考え方についてはこれくらいにして、「戦ってでも守る」という考え方に話を進めるね。

「戦ってでも守る」という考え方については、２つの視点に分けて考えると、整理して考え易いかな。

尊　２つの視点って？

爺　１つ目の視点は、「どこかの国と同盟を結んで守る」、あるいは「我が国単独で守る」という視点からの考え方だよ。

　今、日本はアメリカと同盟を結んでいるので、「どこかの国と同盟を結んで守る」という考え方から始めようね。日本がアメリカと同盟を結んで得られる利点て何だと思う？

尊　それは、核の傘を提供してもらって、強大な軍事力で守ってもらえることだと思う。

爺　まあ、違うというわけではないけど、アメリカに一方的に守ってもらうように聞こえるところが少々気になるんだけど、日米安全保障条約のこれまでの経緯から考えると仕方がないかな。

核の傘の提供を受けるという点はそのとおりだね。

核以外の軍事力については、一方的に守ってもらうということではないんだ。

例えば、日本が侵略された場合などは、日米防衛協力のガイドラインで取り決められている両国の役割分担に基づいて侵略対処にあたるんだよ。

整理すると、核の脅威に対しては、抑止力としてアメリカの核戦力に一方的に頼っていて、核以外の侵略等の脅威に対しては、対応に必要な戦力の足りない部分を補ってもらっているということになるんだよ。

従って、利点の１つ目は、脅威の対処に必要な軍事力の中で、相当な部分をアメリカの軍事力に補ってもらっているんだよ。

そして、この補ってもらたった分の防衛予算を節約できるということだよ。

尊　防衛予算の節約の効果は大きいの？

爺　大きいと思うよ。

例えば、核戦力については一方的にアメリカに頼っていると言ったでしょ。

アメリカに頼らないで抑止効果の期待できる核戦力を持とうとしたら、核兵器の開発・装備化、運搬手段として爆撃機、原子力潜水艦、弾道ミサイル等の開発・装備化、情報通信衛星等の開発・装備化等々相当の経費負担が予想されるよ。

そして、更にこの他に、通常戦力の補強を考えたら、現在の防衛予算を遥かに上回って、社会保障等の他の予算を大きく圧迫することになるよ。

尊　そうか。僕が想像した以上に大きな経費が掛かりそうな気がする。他にある？

爺　利点の２つ目は、アメリカのような強大な軍事力を持つ国と同盟を結ぶことによって、日本に対して侵略や核攻撃をしようとする国は、アメリカとの戦争を覚悟しなければならないので、侵略や核攻撃を実行に移す決断の敷居は相当高くなるんだよ。

爽　侵略や核攻撃を実行に移す決断の敷居って何？

爺　例えば、中国が、第１列島線内の制海権の確保を成し遂げるために、尖閣諸島や沖縄諸島に対する侵略を実行に移すか否かを検討する時に、実行に移す場合はアメリカとの戦争を覚悟しなければならないので、尖閣諸島や沖縄諸島を占領することによって得られる利益と、アメリカとの戦争による損失を慎重に分析して結論を出すことになるんだよ。

この時のアメリカとの戦争による損失が、実行に移すという決断を抑制する働きをするんだけど、この働きを敷居って表現したんだよ。

言い方を換えれば、アメリカの強大な軍事力が日本に対する侵略や核攻撃の大きな抑止力になるということだけど、解る？

爽　同盟を結ぶことで、脅威が実際に起こる可能性が低くなるっていうこと？

爺　そうだよ。不利点は何だと思う？

爽　アメリカが戦争になった場合、日本も同盟国としてアメリカと一緒に戦争しなければならなくなることだと思う。

爺　そうだね。それもあるね。まず、１つ目は、外交・安全保障政策の遂行に際して、同盟国への配慮が必要になって、自国の国益のみを追求する自由な判断や行動を執りにくくなるということ、２つ目は、同盟国が侵略や攻撃を受けた場合に共に戦う必要があるので、意図しないところで戦争に参加しなければならなくなることがあるというところかな。

琉　１つ目の外交・安全保障政策が、自由にできなくなるってどういうこと？

爺　例えば、ロシアがクリミア半島を占領して、現在、ウクライナ東部地域に軍事介入している問題に対して、アメリカは、原状回復を要求して強硬姿勢で臨んでいて、同盟国にも同様の対応を求めているのだけれど、日本には、ロシアと北方領土問題を解決しなければならない事情があって、アメリカに配慮しつつ対ロ政策をしなければならないということかな。

悠　ふうん。２つ目の同盟国が侵略や核攻撃を受けた場合、意図しないところで戦争に参加しなければならなくなるって、アメリカの戦争に巻き込まれるということ？

爺　その「巻き込まれる」という感覚について少し考えないといけないと思うんだよ。
　日本が危ない時に、日本を守るために共に戦ってくれるんだから、アメリカが危ない時には、アメリカを守るために共に戦うということは、同盟を結んでいる以上当たり前のことだと思わないかい？
　日本が危ない時に守ってもらって、アメリカが危なくなったら、日本は平和国家だから戦争はできませんというのは、あまりにも虫が良すぎると思うんだけどね。

悠　そうか。自分だけ良ければいいというのは、確かに問題だよね。
　だけど、同盟を結ぶと、自分の国だけでなく、同盟を結んだ国の事情でも戦争しなければならなくなって、戦争する機会が同盟を結ばない場合に比べて増えることは間違いないでしょ？

爺　それは、そうだね。

航　集団的自衛権を認める安全保障法案に反対する人達の中に、アメリカの戦争に巻き込まれるから反対と言っていた人達は、アメリカの事情で戦争の機会が増えるから反対したの？

爺　そういうふうに考えて反対した人達もいたと思うけど、別の意味でアメリカの戦争に巻き込まれると考えていた人達もいると思うよ。

航　どういうこと？

爺　それはね、同盟のジレンマといって、同盟には、「巻き込まれる恐怖」と「見捨てられる恐怖」という相反する２つの問題があってね、「巻き込まれる恐怖」というのは、同盟国が戦争を始めた場合、その戦争に自国も参加せざるを得なくなるのではないかという恐怖で、「見捨てられる恐怖」というのは、自国がどこかの国と戦争になった時に、同盟国が助けてくれないのではないかという恐怖のことをいうんだけどね、集団的自衛権を認める安全保障法案に反対した人たちの多くは、アメリカ主導の戦争に日本は参加せざるを得なくなるだろうという、この同盟のジレンマの「巻き込まれる恐怖」を強く意識しての反対だったんじゃないかと思うよ。

航　おじいちゃん。僕は、この「巻き込まれる恐怖」で集団的自衛権を認める安全保障法案に反対した人達の気持ちがよく解る気がするんだけど。

爺　どういう風に気持ちが解るの？

航　だって、集団的自衛権が認められれば、アメリカと一緒に戦えるようになるってことでしょ？一緒に戦うようになれば、アメリカが行う戦争にどんどん巻き込まれていってしまうじゃない。

爺　集団的自衛権というのは、自衛のために一緒に戦うことができるという『権利』を意味して、一緒に戦わなければならないという『義務』を意味していないんだよ。

話を少し整理するね。共に戦うという『義務』は、同盟関係を結ぶことによって生まれるんだよ。

だから、アメリカの戦争に巻き込まれるということは、アメリカと同盟を結ぶことによって生じる問題で、集団的自衛権を認める安全保障法案の成立によって生じる問題ではないんだよ。

アメリカの戦争に巻き込まれることを避けたいのであれば、アメリカとの同盟に反対すべきだと思うよ。集団的自衛権の行使容認という問題は、同盟関係の強化に影響を与える問題で、見方としては、アメリカの戦争に巻き込まれるということではなく、アメリカに見捨てられないように同盟関係を確かなものにする意味があると考える方が適切だと思うよ。

航　そうか、集団的自衛権の問題と、同盟関係を結ぶか結ばないかという問題をごちゃ混ぜにしていたよ。

これでは話が混乱しちゃうよね。おじいちゃん！外交政策で、「巻き込まれずに見捨てられない」ようにすることはできないの？

爺　その巻き込まれるという感覚だけど、日本が困った時だけ助けてもらえればいいということではなく、また、アメリカの一方的な外交政策に引きずられて戦争に参加するようなことにならないという意味で、「巻き込まれずに見捨てられない」という対米外交はとても大切だと思うけど、現実的に考えれば、アメリカの事情で戦争に参加するようになることは、覚悟しないといけないと思うよ。だからこそ、国の守り方として、同盟を結ぶ場合には、『巻き込まれても見捨てられない』ことを望むのか、『見捨てられても巻き込まれない』ことを望むのか、国としてどちらを重視するのか、国民を挙げてシッカリ議論しなければいけないと思うよ。

航　できれば避けて通りたい議論だよね。
　アメリカと同盟を結ぶ場合の話に終始したけど、アメリカ以外の国と同盟を結んだ方がいいという意見もあるでしょ？

爺　当然そう考える人もいるはずだよ。
　昔、安全保障を扱うテレビ番組で、中国は同じアジアに位置する国なので同盟を結ぶ国として適切な相手だというようなことを言っていた評論家がいたような記憶があるよ。

いずれにしても、同盟を結ぶということは、その国と命運を共にすることになるので、同盟を結ぶ場合は、価値観、物事の考え方、倫理観、政治・経済等の社会体制、相性等々よくよく検討して同盟相手を選ばなければならないと思うよ。

そして、同盟相手としてアメリカ以外の国を選択する場合も、同盟のジレンマの問題については、シッカリ議論しなければならないよ。

航　うん。解った。だけど、アメリカ以外の国と同盟を結んだら脅威の捉え方も変わりそうだね。

爺　そうだね。その場合は、前に説明したような考え方に沿って分析しないといけないね。それじゃ、次に「我が国単独で守る」という考え方に話を進めようか。

尊　おじいちゃん、もう解ったよ！「どこかの国と同盟を結んで守る」という考え方の利点と不利点が反対なんでしょ？

爺　そうだね。「我が国単独で守る」という考え方の１つ目の利点は、外交・安全保障政策の遂行に際して、同盟国への配慮をする必要がないので、自国の国益のみを追求して自由に判断して行動できるようになることだね。２つ目は、同盟国を作らないので、他国の事情で戦争に参加しなければならなくなるという問題も無くなるね。従って、同盟のジレンマに悩む必要もなくなるということだね。

反対に、不利点は、独力で自国を守らなければならなくなるので、核戦力を含む大きな軍事力を持たなければならなくなるので、巨額の防衛予算が必要になって、社会福祉等の他の予算の減額を覚悟しないといけないね。

更に、この核戦力の保有を含む我が国の軍事大国化は、諸外国に大きな警戒心を抱かせて、国際社会で孤立化する恐れがあることも考慮しておかないといけないね。

尊　そうか、「戦ってでも守る」と考えるなら、「どこかの国と同盟を結んで守る」のか、「我が国単独で守る」のか、相互の利点と不利点を踏まえて、よく考えないといけないんだね。

そして、同盟を結ぶ場合には、『巻き込まれても見捨てられない』方がいいのか、『見捨てられても巻き込まれない』方がいいのかという問題については、僕自身、まだ、ほんとにどちらがいいのか解らないけど、皆で真剣に議論しなければならないんだね。

爺　おじいちゃんは、できるだけ多くの人が尊ちゃんと同じように感じて、考えて、議論してくれることを心から祈る気持ちで一杯だよ。それじゃ、最後に、「戦ってでも守る」という考え方の２つ目の視点に移ろうか。

航　２つ目の視点て？

爺　２つ目の視点は、戦う地域を「領域内に限る」か、「領域外に広げる」か、そして、「領域外に広げる」という場合は、南シナ海、東シナ海、日本海から西太平洋のいわゆる「極東地域に限る」とするのか、「制限を設けずに広げる」とする考え方だよ。

航　どうして、戦ってでも守るとする考え方について戦う地域に視点を当てたの？

爺　防衛政策の敷居が徐々に下がっていった話の中で、１９９１年に海上自衛隊をペルシャ湾に派遣し、１９９２年に国際平和協力法を成立させて陸上自衛隊をカンボジアに派遣させたことについて、自衛隊（軍隊）を我が国の領域内で使用するか、あるいは領域外に広げて使用するかということは、国が何のために自衛隊（軍隊）を保持し、どのように使うかという我が国の安全保障政策の基本に関わることなので、国民共通の理解と了解が得られていなければならないと説明したことを覚えているかい？

この戦ってでも守るとする考え方の戦う地域を明らかにするということは、国が何のために自衛隊（軍隊）を保持し、どのように使うかという安全保障上の国の意思を明確にする上でとても大切なことなんだよ。

尊　そうか。どうして３つに分けたの？

爺　特に、３つに分けて考えないといけないということはないんだよ。

「領域内に限る」か、「領域外に広げる」かという２つに絞って、自衛隊（軍隊）の使用に係る議論をシッカリ煮詰めるということも大切だけど、「領域外に広げる」場合の考え方について、具体的に、「我が国の領土の喪失や国家の消滅に直接係わる脅威が存在する極東地域」と、「我が国の領土の喪失や国家の消滅に直接係わる脅威が存在しない極東以外の地域」とに区分して提示した方が、国の意思をより明確にできて、論点が絞り易すいだろうと考えたからだよ。

尊　「我が国の領土の喪失や国家の消滅に直接係わる脅威」って、中国やロシアのこと？

地

本体 1500円＋税

補充注文カード

地方小出版 流通センター 取扱品

貴店名（帖合）

増分小版 … 取扱品

売上カード

書籍・著者名	発行所名
孫たちへの贈り物 川井修一 ISBN978-4-89623-108-3 「ねえ、おじいちゃん！ 集団的自衛権が使えるようになる法律って、悪い法律なの？」	まつやま書房
定価 本体 1500 円 ＋税	

爺　そうだよ。脅威について検討した時に説明したとおりだよ。くどくなるけど、もう一度言うと、中国にとっては対米戦略上第１列島線を確保するために、またロシアにとっては対米戦略上太平洋正面の態勢を有利にするためには、それぞれ我が国の領土の占領が必要になることから、我が国にとって領土の喪失や国家の消滅に直接係わる脅威と表現したんだよ。

そして、極東以外の地域には、現在のところ、「我が国の領土の喪失や国家の消滅に直接係わる脅威」の存在が考えられないので、極東地域と分けて考えることにしたんだよ。

航　そうか。それぞれの考え方について、もう少し説明してよ。

爺　そうだね。まず、戦ってでも守るとする考え方の戦う地域を「領域内に限る」という考え方は、戦後一貫して主張してきた専守防衛を具現徹底して、平和国家を内外に積極的にアピールする狙いをもった考え方だと言えそうだね。

そして、戦ってでも守るとする考え方の戦う地域を「領域外に広げる」という考え方の内、「極東地域に限る」という考え方は、戦う地域を「我が国の領土の喪失や国家の消滅に直接係わる脅威」が存在する地域と同一にすることによって、専守防衛を基本としつつ極東地域の平和を保つことによって我が国の平和と安全を守るという狙いの考え方だとすることができそうだね。

「領域内に限る」という考え方と「極東地域に限る」という考え方は、共に、「我が国の領土の喪失や国家の消滅に直接係わる脅威」への対処に重点を置いた考え方ということができて、「極東地域に限る」という考え方は、「領域内に限る」という考え方に比べて、我が国周辺地域の平和維持に貢献する狙いがあり、同盟国の協力をより必要とする特色があると言えそうだね。

『どのように守る』という考え方を整理した図

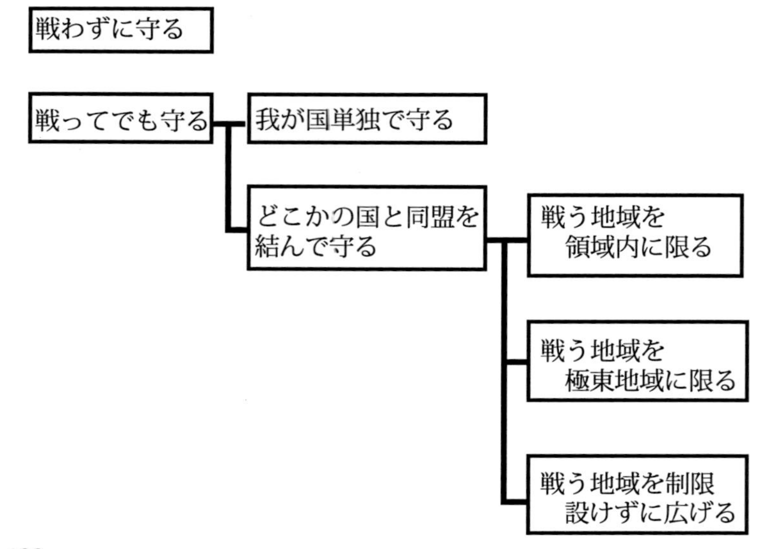

そして、戦ってでも守るとする考え方の戦う地域を「制限を設けずに広げる」という考え方は、同盟国と共に、国際社会の平和と安全を確保することによって、我が国の平和と安全を守るという狙いの考え方になるんじゃないかと思うよ。

『どのように守る』という考え方を整理すると図のようになるけど、航ちゃんの考え方はまとまった？

航　どうするのが一番いいのか、まだ、考えがまとまらないよ。

爺　それは、仕方がないよ。安全保障の問題はそんなに単純じゃないから。

最初に説明した自分なりの考え方を整理するアプローチの方法に従って、何回かフィードバックして考えていくと少しずつまとまっていくと思うよ。

そして、この際、国内外情勢、政治、経済、歴史、地理等々も併せて勉強すると考えも深まっていくと思うよ。

航　うん。解った。

第４章
終わりに

爺　おじいちゃんが３４年間自衛隊に勤務して、ずっと伝えたいと思っていたことを航ちゃん達に話すことができて本当に嬉しいよ。

安全保障の問題は、国家にとって生存に係わる一番大切な問題なので、航ちゃん達に、自分の考えを持って多くの人達と議論をして欲しいというのがおじいちゃんの一番の願いなんだよ。

そして、議論をするときには、話をする人の意見を誠実に聞いて、理解して、自分の考え方とどこが違い、どうして違うのかを明らかにするように努力して欲しいんだよ。自分の意見と異なるからといって、その人の意見を無視したり、斥けたり、言い負かそうとする態度は取らないで欲しいんだ。その上で、自分がその時まで、知らなかったことや、勘違いしていたこと、あるいは迷いがあったことに気が付いたら、自分の考え方を改める勇気を持ってもらいたいんだよ。

そうすることで、自分の考えをより深めていくことができるし、議論をしている人達と良好な人間関係を築けて議論の妥協点も見いだせるはずだからね。

ただ、自分自身が納得をしていないのに安易に異なる意見に妥協したり、自分の意見が他の人達と異なるからといって臆して意見を述べることができなくなるというのも困るよ。

安全保障の議論に当たって、もう一つお願いがあるんだよ。この議論は、我が国の安全保障政策の在り方についての国民の意見（考え方）を明らかにすることが目的だと考えているので、議論の中で、「憲法違反」を理由に意見を否定する態度は控えて欲しいんだよ。

航　どういうこと？

爺　集団的自衛権を認める安全保障法案の審議の過程で、度々、「憲法違反に当たるので問題だ。」というような場面が見受けられたんだけど、「憲法違反」という話が出ることによって、その内容に関して議論が進まなくなってしまうんだよ。

恐らく法律を無視した議論になることを避けようとする誠実な気持ちからだと思うんだけどね。

だから、自由な議論ができるように「憲法違反」という話は、ひとまず棚上げしておいて、我が国の安全保障はどうあるべきかという議論を自由にしてみて欲しいんだよ。その結果、多数の国民が支持する政策と憲法に規定する内容に食い違いが生じたら次に憲法を変えるか否かについて議論をすればいいと思うんだよ。

憲法は、国家・国民のために存在するもので、国民の意見や意思を封じるためにあるものじゃないんだよ。

おじいちゃんの言うことを理解してくれるかい？

航　解ったよ。安全保障の問題と憲法の問題を同じ土俵で議論すると憲法が制約機能になって、安全保障の議論の内容が深まらなくなってしまうんだよね。

爺　そうだよ。

「憲法違反」を理由に安全保障の議論が尽くされずに、気がついたら「憲法」が残って「国家」が亡くなっていたというようなことになったら落語の世界になってしまうからね。

航　おじいちゃん！　憲法を変える議論をする場合、今の平和憲法の精神まで変えたらダメだと思うんだけど。

爺　今、航ちゃんが持っている平和憲法の精神のイメージってどういう内容？

航　例えば、憲法の前文にある平和を追求する精神だよ。

爺　おじいちゃんも全く同じ意見だよ。憲法を変える議論についておじいちゃんの言葉が足りなかったから航ちゃんに心配をかけちゃったようなので、もう少しおじいちゃんの考えを説明するね。

例えば、どのように守る（防衛政策）で、戦ってでも守るべきだという結論になった場合も、平和を追求する精神まで変えるということではなくて、第９条の表現について考える必要があるということなんだよ。

航　どういうこと？

爺　例えば、「戦ってでも守る」ということを国家の意思として決めたのなら、第９条の１項で我が国に対する侵略の阻止に武力の行使を認め、２項でそのための戦力を保持する意志を示すというような、特別な解釈を必要としない誰にでも解る表現にすることが大切だと考えているんだよ。

航　そうか。「戦ってでも守る」ということが国民の意思ということになったら、侵略に対しては国を守るために戦うということをハッキリ憲法に謳うことを議論するということでしょ？おじいちゃん、最後にもう一つ。

爺　何？

航　「戦ってでも守る」とする考え方で、戦う地域を領域外に「制限を設けずに広げる」という場合も、どのように守るかの議論の対象にしたけど、今のおじいちゃんの例え話とちょっと食い違うと思うんだけど。

爺　そうか。そのようにしたのは、もう既に、ＰＫＯで、イラク等に自衛隊を派遣しているので、戦う地域を領域外に「制限を設けずに広げる」場合も議論の対象にする必要があると思ったからだよ。そして、そういう考え方の人がいるとも思ったからね。

また、もし、そういう考えが国民の意思になった場合は、おじいちゃんの例え話とは異なる視点で憲法を変える議論をすることになるかもしれないね。

その場合も、おじいちゃんの個人的な意見になるけど、今の平和憲法の精神を変えないようにすることに国民を挙げて英知を絞らなければならないと考えているよ。

航　わかったよ。

爺　最後に、航ちゃん達に誤解して欲しくないので、繰り返しになるけど、もう１つ説明しておじいちゃんの話を終わりにするね。

航　うん。何？

爺　おじいちゃんが自衛隊に入った頃から定年退職するまでに、防衛政策上の敷居、あるいは歯止めが徐々に低下して、防衛政策が少しずつ変化していく様子について、問題があると説明してきたよね。

ここで問題だと指摘したことは、防衛政策が少しずつ　変化していく過程で、国民的合意形成がなされないまま、政府主導で防衛政策が決定されてきたことを指しているんだよ。

つまり、国民的合意形成を欠いた防衛政策の変化の仕方に問題意識を持っているということを解って欲しいんだ。

航　おじいちゃんの今までの説明で解ってるよ。

有事法制や自衛隊の装備・運用等に関して、変化してきた内容は、日本の安全保障にとってはだいたい適切な方向に変化してきていると思っているんでしょ？

爺　そうだよ。日本の安全保障の状態は、概ね好ましい方向に変化してきていると感じているよ。好ましい方向に変化してきていると感じているけど、この変化に国民が関わって来なかったことにとても問題を感じているよ。

そしてね、政府が主導的に防衛政策を決定してきた　ことを否定しているんじゃないということも理解して欲しいんだ。

戦後の国民の厭戦感情を考えると、防衛政策の決定に当たって、国民に冷静な議論を望むこと自体に無理があって、政府が主導的に防衛政策を進めて来ざるを得なかったんだと考えているよ。

ただ、今は、もうキチンと議論しなければならない時期にきていると思うので、国民を挙げてシッカリ議論して、国民の意思を反映した防衛政策にしていかなければならないと考えているし、願っているよ。

そして、それが、真のシビリアンコントロールに繋がるとも考えているんだ。

航　解ったよ。これからは僕たち若者が頑張っていくから安心してよ。

現役時代から定年退職後も抱き続けた問題意識を訴えることができて責任を果たせたような安堵感を得ることができました。

憲法改正の動きが顕在化し、その最大の論点が第９条にあることを思うと、改正前に、国民に対して「我が国の防衛をどのようにすべきか」ということを、一度、是非真剣に考え議論してもらいたいという気持ちで一杯です。

私のこの訴えが一人でも多くの人に受け入れていただき防衛論議が始まりそして広がることを祈念して止みません。

最後までお付き合いをいただきほんとうにありがとうございました。

参考資料

１　ウィキペディア

２　日経新聞

３　防衛白書（Ｓ５２，Ｈ３，Ｈ５，Ｈ１０，Ｈ１６，Ｈ２７）

４　自衛隊ホームページ

５　憲法

６　自衛隊法

７　周辺事態に際して我が国の平和及び安全を確保するための措置に関する法律

８　国家安全保障基本法（案）

９　武力攻撃事態等における我が国の平和と独立並びに国及び国民の安全確保に関する法律

１０　自衛隊法及び防衛庁の職員の給与に関する法律の一部を改正する法律

１１　法律情報サイト

１２　参議院ホームページ（参議院憲法審査会）

筆者略歴

防衛大学校、第 28 普通科連隊小隊長
第 1 空挺団普通科群小隊長、東部方面総監部調査部情報幹部
指揮幕僚課程学生、第 13 師団司令部防衛班長、
第 30 普通科連隊中隊長、陸自幹部学校選抜試験班長、
同戦術教官、陸幕監理部総務課企画班、
第 9 師団司令部第 4 部長、第 1 空挺団本部高級幕僚、
対馬警備隊長兼て駐屯地司令、少年工科学校副校長、
研究本部第 4 課長、
学校法人佐野学園理事長室長兼て企画部長、
城西大学経済学部事務長

孫たちへの贈り物

2017 年 9 月 29 日　初版第一刷発行
著　者　川　井　修　一
発行者　山　本　正　史
印　刷　株式会社わかば
発行所　まつやま書房
〒 355-0017 埼玉県東松山市松葉町 3-2-5
Tel 0493-22-4162Fax 0493-22-4460
郵便振替 00190-3-70394
HP：http://www.matsuyama-syobou.com

ISBN 978-4-89623-108-3 C0095